U0397218

英国
超级保姆的
实用育儿经

The New Contented
Little Baby Book:

The secret to calm and confident parenting

[英]吉娜·福特 (Gina Ford) 著
孕事 译

北京联合出版公司
Beijing United Publishing Co.,Ltd.

图书在版编目（CIP）数据

英国超级保姆的实用育儿经 / (英) 吉娜·福特著 ;孕事译.
—— 北京：北京联合出版公司, 2017.9
ISBN 978-7-5596-0407-1

Ⅰ.①英… Ⅱ.①吉… ②孕… Ⅲ.①婴幼儿—哺育—基本知识 Ⅳ.①TS976.31

中国版本图书馆CIP数据核字(2017)第108043号

北京市版权局著作权登记号：图字01-2017-5058号

英国超级保姆的实用育儿经
The New Contented Little Baby Book

著　　者：[英]吉娜·福特
译　　者：孕　事
责任编辑：喻　静　夏应鹏
封面设计：平　平
装帧设计：季　群

北京联合出版公司出版
（北京市西城区德外大街83号楼9层　100088）
北京联合天畅发行公司发行
北京中科印刷有限公司印刷　新华书店经销
字数260千字　710毫米×1000毫米　1/16　18.75印张
2017年9月第1版　2017年9月第1次印刷
ISBN 978-7-5596-0407-1
定价：39.80元

译者序

以前听过一个小故事。

婴儿诞生前，上帝与即将出发的小孩道别。

小孩一直在哭："我害怕，我会变得那么小，那么无助。"

上帝安慰他："放心吧孩子，我早已安排好一位天使在人间，只为了保护你，照顾你，爱你。"

小孩停止了哭泣："那位天使叫什么名字？"

上帝微笑着说："名字不重要，你可以简单地叫她——"MAMA"。

是的，"MAMA"，这是世上最动听的名字。于千千万女性之中，我们被选中，成为他们的天使，成为他们的妈妈，何其美妙，何其荣幸。眼前这个小小的家伙啊，举手抬足，柔软了全部的世界。望着他们，仿佛望尽美好。

但是，"MAMA"啊，又是这世上背负最多的两个字。因为一声"MAMA"，我们从此对一个生命的一生负有责任。爱他，照顾他，保护他——你做到了吗？他为什么哭？他在笑什么？他饿了吗？他困不困？他很累吧？他要睡了吗？他会不会不舒服？他是不是生病了？

这些，你都知道吗？

有人说，最无助的是，为人父母从来没有一个考试和选拔。的确，即便我们花了十月怀胎的时间，去适应并学习自己为人父母的新角色，但当一个小小的生命真的到来的那一刻，我们还是各种手忙脚乱、提心吊胆、崩溃无助，最后留下无数遗憾。

特别是宝宝出生的第一年，带给父母的是甜蜜和烦恼的交织。孩子从小小的一只变成摇摇晃晃走路的小家伙，每一次小小的成长都能给我们莫大的喜悦，但各种日常照料的问题又让我们手忙脚乱。这个过程中，每个父母都在经历彷徨和迷惑，在网上查阅资料，与其他父母讨论，向父辈们请教，然而得到的都是些碎片化、甚至相互矛盾的知识，信息太多，反而让新手父母们无所适从。

孕事开办的这几年，有幸和数以百万计的妈妈们一起交流和探讨，深知在这个阶段中父母们的困惑。所以，当我们读到《英国超级保姆的实用育儿经》这本书，并最终获得它的中文简体版唯一翻译权时，内心是欣喜和自豪的。这是一本可以给所有新手父母们明确指导的育儿书籍。

如果你在怀孕时曾经抽空阅读过其他产后护理新生儿的书，就会发现，它们都不是以一天天为单位，也没有依婴儿周周不同的成长需要，做出清楚的摘要。而这本书却完全不同，从产前准备、孕期囤货，一直到宝宝 1 岁，这本书以严谨的态度，详尽的理论知识、科学的方法论、丰富的实践经验，为广大父母们提供了一套圣经式的新生儿养育行动指南。作者吉娜更是基于自己照看过 300+ 宝宝的经验，以一个个钟头和一周周为单位，手把手指导父母们训练新生宝宝养成合理的作息规范。她通过一系列清晰的图表，展示出宝宝和父母在不同时期需求的变化，并且告诉你：

★ 怎样迎接宝宝的到来。

★ 从早上 7 点到晚上 11 点，什么时候宝宝应该吃奶，什么时候应该睡觉，什么时候应该洗澡和玩耍。

★ 宝宝出现睡不好、哭泣、饥饿、疲惫等状态，到底是什么原因。

★ 妈妈在喂养宝宝时，怎样才能让自己获得休息。

★ 宝宝在添加辅食阶段，需要做哪些准备。

★ 奶水分泌不足时，妈妈应该如何追奶。

★ 如何护理肠绞痛、以及大量吐奶的婴儿。

……

最重要的是，根据多年积累的经验，吉娜深知，每一个宝宝都是不同的，而她在书中列出的作息规范可以根据每个宝宝不同的需求进行调节。

只要你按着吉娜·福特的建议一天一天做下来，就会发现，宝宝和你，都会有出人意料的收获！

正因如此，我们相信，这本书一定可以让你的育儿过程成为一段快乐和满意的经历，无论是对于你，还是对于你的宝宝而言，皆是如此。

CONTENTS

序言
本书和一般育儿书有何不同

　　目前市场上与婴儿护理有关的书籍，大多由医生和心理学家撰写。他们的育儿资讯来源主要是自己的小孩，以及向他们咨询的父母亲。阅读这些育儿资讯和各式各样的理论可能会很有趣，但有人不禁要问，对一个被需索无度、吵闹不休的新生儿紧紧绑住的母亲来说，这些资讯究竟能提供多少帮助？

　　举例来说，大部分的书会告诉你，婴儿在一个晚上醒来好几次是正常的，不管他们想要吃几次奶，或者吃多长的时间，你都应该满足他们，然后逐步让婴儿养成固定的睡眠习惯。这些专家所主张的方法，对那些自由职业、时间上完全可以配合婴儿睡眠的父母亲而言，可能不是问题，但对于大部分朝九晚五的上班族而言，这些方法几乎行不通。即使头脑再清醒的人，如果连续几周不断在夜间被吵醒，那他也会体力不支，疲累到极点。尽管这些专家会一再告诉你，孩子大了就好了，但最新的调查数据显示，85%的婴儿即使到了1岁，仍然会在半夜醒来，而育儿专家们对这个现象也找不出答案；当然这些专家们也都有半夜醒来之后再也睡不着的经验。但如果情况发生在那些刚刚生完孩子，时间紧张，工作又繁重的父母身上时，就会对他们的生活造成很大的困扰。

　　所有与育儿有关的事物都蕴藏着巨大的商机。看看书店就知道了，整排书架上琳琅满目的育儿类书籍。每本书拿起来翻翻，你就会发现，大部分书中的建议几乎完全一样："轻轻摇摇你的宝宝，抱着他在房间里走走，给他喂奶直到他睡着，把他放在摇篮里摇晃，或者开车带他兜风。"每天有成千上万的父母重复地做着这些事，有些一做就是好几个月，有些甚至好几年；接下来，这些父母可能又会买些育儿书来解决育儿时遇到的问题，而这批书的作者声称他们会告诉你"如何让宝宝睡得更好"。他们会指出宝宝睡眠不规律是因为他们被宠坏了，例如抱着宝宝摇到宝宝睡着，为了让他睡着给他吃其他食物，或者开车载着兜风。而他们提供的解决办法是哭闹法，也就是放着让宝宝哭到睡着。但你真狠得下心吗？因为他可能得连续几个夜晚哭上两个钟头，才能学会自己入睡。

　　如果这么做行得通的话，那是不是在宝宝刚出生时，大人对他们的哭闹就应该相应不理，这样他们很快就能学会自己睡觉了？这个问题在另一些书中也有答案，那就是：如果宝宝哭泣时，你不去安抚他的话，对他以后的人格发展会有不好的影响。正如我先前所说的，**如何育儿的议题能够带来很多商机**，因此，**市面上会出现各式各样的理论**，但它们**却很少提供解决的方法。就因为你在书中找不出你想要的答案，所以只好继续再买下一本。**

　　这本书和市面上的育儿书籍有很大的不同，在书中，我集结了自己多年亲手照顾新生儿的经验。我曾经和几百个新生婴儿共同生活并且亲手照顾他们。我提供了如何在宝宝一出生就开始帮他们培养出固定的作息，包括进食和睡眠，避免他们连续几个月睡不好，吃不好，肠绞痛（或称不明原因啼哭），以及一些专家也不知道如何解决的状况，通常因为他们无法解决这些问题，所以，他们只好想办法不断地告诉你这是正常现象。

　　本书中所叙述的内容，能够使你分辨出宝宝是饿了还是困了，并且告诉你如何满足宝宝的需要，通过这些方法，逐渐地，宝宝会培养出快乐又满足的性情，并且在他 6 ～ 10 周大时，就可以一觉睡到天亮。而我的分析，同时也使你能够了解宝宝真正想表达的意思。书中的方法曾经用在全世界几百个母亲和她们的婴儿身上，事实证明这些方法非常有效，相信它们也会对你帮助很大。

最后我要补充说明，在书中提到母亲时我用的是"她"，提到父亲时用"他"，而小宝宝则是用"他"，这么称呼并没有特别的意思，希望不会冒犯到任何人。

1

产前准备
——迎接新生儿的到来

The New Contented
Little Baby Book

每当谈到产前准备，我们首先想到的就是产前护理和准备婴儿房，这两件事都非常重要。产前护理，是为了确保孕期胎儿的健康；而布置婴儿房，迎接宝宝的来临又是一件其乐无穷的事。还有很多产前课程，孕妈妈们想必都会积极参与，但这些课程大都忽略了真正实用的育儿技巧，很少有课程会告诉我们如何处理婴儿出生后马上会遇到的一些状况。事实上，父母亲如果能在宝宝一生下来就采取一些有效的方法，那么他们会省掉很多摸索的时间，也就不至于深感挫折了。

相信我，在你读完本书后，如果你能从宝宝生下来的第一天起，就按照我在书里讲述的方法，一点点地帮助宝宝养成规律的作息，那么你应该会拥有一个快乐又满足的宝宝。同时，你还会很幸运地多出一些属于你自己的时间，这样的时刻对于初为人母的我们多么宝贵，应该无须多说。毕竟除非你已经请了人帮忙，否则除了照护眼前这位新生儿，你还需要照常上市场买菜、煮饭、洗衣服。而如果你的小婴儿作息很不规律，那么你可能连做这些基本杂务的时间都没有，甚至连上个不被打扰的洗手间都成了奢侈。

所以我的建议是，对于准妈妈们，如果你们能在宝宝出生前把以下事情都做好，那么产后你们将会节省掉很多时间。

★ 所有必备母婴用品在宝宝出生前全部采买齐全。考虑到一些用具，比如婴儿床，不一定马上有现货，而且到货后还需要放放味道，所以最好在一开始就着手准备。这样等宝宝一出生，就能马上睡在自己的婴儿床上。当然，如果有亲友赠送的二手床也很好。

★ 所有婴儿房中需要的东西都摆放妥当，包括婴儿床、床品、纱巾、浴巾、口水巾、睡袋，该洗的都洗好，这样等你从医院回来，这些东西伸手可及，马上就能用，也不至于手忙脚乱。还有婴儿车、睡篮、盖毯，这些都是出院时马上要用到的东西。

★ 在房间里专门找一个地方，归置好这些婴儿必需品：细棉棒、婴儿油、尿不湿、凡士林、湿纸巾、洗澡海绵、洗头沐浴液、婴儿梳。

★ 检查一下所有的电器是不是都能正常使用，事先练习好如何使用消毒器消毒奶瓶，如何组装奶瓶。

★ 先囤好至少6个月使用量的肥皂、家用清洁品、湿纸巾和卫生纸。

★ 如果打算母乳喂养，那你吃的东西最好不含添加剂和防腐剂，所以，自己亲手煮的食物是最安全的。为了避免产后没有时间和体力做饭，产前就该煮好不同种类的熟食，放在冰箱的冷冻层，那么当产后回到家时，准备食物的工作就不会大费周章了。

★ 产后头一个月，通常会有很多访客来探望你和宝宝，所以，你最好事先预备足够量的茶、咖啡、饼干和干果，用来接待访客。

★ 所有家务事或者尚未完成的工作，都要想办法尽快完成，这样才不会在宝宝出生后为了这些事而烦心。

★ 如果你打算母乳喂养，那现在就得准备好电动吸奶器，因为这种东西需求量很大。

婴儿房

和很多宝爸宝妈一样，你也许想让宝宝晚上和你一起睡。目前，来自美国婴儿死亡研究基金会（FSID）和英国卫生部的建议是，至少在宝宝6个月以前，应该母婴同室。即使这样，我还是认为，当你把宝宝从医院接回家后，有一个已经准备好的婴儿房是非常必要的。老实说，我经常在半夜接到歇斯底里的母亲打来电话，问我如何才能让一个较大的宝宝乖乖睡自己的房间。

事实上，如果从宝宝回到家的第一天开始，就尽量让他多待在自己房间，喂奶、换尿不湿、玩耍和睡觉，宝宝就不会因为换房间而哭闹，或者睡不安稳了。相反，如果宝宝一天到晚都待在爸爸妈妈的房间，和爸爸妈妈在一起，他自然而然会觉得自己总是有人陪着，也就难怪当他发现自己必须一个人睡在一个不熟悉的房间时，会害怕爸爸妈妈是不是不要自己了。

所以，宝宝刚出生后，你就应该尽量在婴儿房里给他换尿不湿、喂奶，玩一些安静的游戏。晚上给宝宝洗完澡后，7：00 ~ 10：00 之间，你要在婴儿房里给他喂奶，安顿他睡觉。等宝宝睡着之后，你可以把他抱回你自己的房间，这样半夜喂奶的时候，你才不会太辛苦。

总之，从一开始妈妈们就要让小宝宝适应他们自己的房间，通过这样的方式，他们才会喜欢待在那里，并且把那里当作天堂而不是地狱。并且，一个安静舒适的环境，对小婴儿来说也是非常有用的，特别是当他们累了或是兴奋过头的时候，只要把他们带回自己的房间，他们很快就会安静、放松下来。

婴儿房的布置

婴儿房的布置其实不需要花很多钱，因为就算你把整个房间的墙面、窗帘和床品都换成泰迪熊图案，时间久了也还是会腻。不如花点心思，刷个单色的墙面，装点一些彩色的拉花、壁灯、墙饰、挂钩、摆件，再搭配色调吻合的窗帘，这样的效果兴许更棒，不但花钱少，而且宝宝长大后如果想重新布置房间，也不会大费周章。还有一个省钱又有趣的方法，就是贴儿童专用的墙纸，不仅色彩明亮，还可以经常更换。

接下来，在布置婴儿房时，你还需要注意以下事项。

婴儿床

有一些育儿书会告诉你，宝宝刚出生，婴儿床并不是必需品，因为他们更愿意睡在睡篮里或者很小的床上，例如床中床。但我并不这么认为，就像先前提到的，我认为宝宝应该一开始就睡自己的大婴儿床，这样可以避免他长大以后，睡篮对他而言太小，而换床之后他又得经历一段适应期。

所以我的建议是，从宝宝刚出生那一天起，就应该经常把宝宝放在婴儿床上，也可以在喂完奶之后，让他在上面多玩一玩，放松放松，尽量多待一会儿。这样当宝宝告别睡篮，自己在婴儿房睡觉的时候，就不会出现太多问题，至少我几乎没有遇到过这种情况。

而关于婴儿床的选择，记住很重要的一点是，这张床必须能让宝宝睡到至少两三岁大。所以它必须足够结实牢固，可以支撑两三岁的小孩在里面蹦来蹦去。如果床不牢固，即使只是小婴儿滚来滚去，也可能会让床移位或是断裂。

建议在选择婴儿床时，尽量选择床栏是平板状，而不是圆柱状的那种，圆柱状的床栏，宝宝把头靠在上面会非常不舒服。对于 1 岁内的宝宝，我会建议拿掉靠枕、抱枕这类床品，因为这些东西会顶住宝宝的头，而婴儿身体的热量是通过头部散热的，如果将这个散热通道堵住，很可能导致宝宝体温过高，进而引发婴儿猝死症。

除此之外，选购时还有一些注意事项，例如：

★ 最好选择有两三段高度可调节式的床。

★ 床的一面可灵活放倒，静音移动，建议在选购当场试验几次。

★ 床内空间需要大到足够让一个两岁大的小孩很舒服地待在里边。

★ 所有的婴儿床都必须附有国家安全检验的认证标识。宽板间隔最好在 2.5 ~ 6 厘米之间，当高度调节到最低档时，铺上床垫，距离床顶不应超过 65 厘米，床垫与床栏之间的缝隙应小于 4 厘米。

★ 经济许可的情况下，尽量选择材质最好的床垫。之所以这么说，是因为我曾经遇到过泡沫床垫使用几个月后，中间就凹陷下去了的情况。后来发现，对于成长中的婴儿来说，支撑力最好的就是那种内含"天然弹性棉"的床垫，同时这些床垫也必须要有国家安全检验的标志。

婴儿床品

所有床品都必须是 100% 纯棉质地，这样才能和宝宝的睡衣一起洗。为了避免宝宝体温过高而引发婴儿猝死症的危险，不要给未满 1 岁的宝宝盖棉被或羽绒被。如果你想给宝宝搭配一床好看的被套，那么在选购前，一定要先确认是不是 100% 纯棉，而且被套内不可以含尼龙填充物。当然，如果你稍微懂一点裁缝，那么有一个非常省钱的方法可以考虑，就是自己动手做一套床品。你可以把家里纯棉质地的大床单，裁剪成双面的小被子，这样质料和大小会很适合给宝宝使用。

以下床品是必备款：

★ 3 条有弹性的纯棉床单，最好是柔软度较好的针织棉而不是毛巾布，因为毛巾布的表面很容易变粗糙，一旦变粗看起来就会很旧。

★ 3 条盖被，最好选择纯棉布料，不要用绒毛毯，因为绒毛会从宝宝的鼻子跑进呼吸道，从而造成呼吸障碍。

★ 3 条纯棉透气的小毯子，同时多准备一条羊毛毯，天气很冷的时候用。

★ 3 条纯棉的平滑铺盖，这是用来铺在宝宝的小躺椅、婴儿车或睡篮里的。有了这些铺盖，宝宝半夜如果接连尿床的话，你只要把它摺一摺，横放在尿湿的地方，第二天再换床单都可以。

换婴儿床单的三个步骤

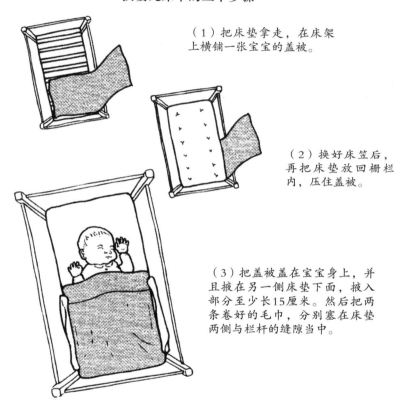

（1）把床垫拿走，在床架上横铺一张宝宝的盖被。

（2）换好床笠后，再把床垫放回栅栏内，压住盖被。

（3）把盖被盖在宝宝身上，并且掖在另一侧床垫下面，掖入部分至少长15厘米。然后把两条卷好的毛巾，分别塞在床垫两侧与栏杆的缝隙当中。

尿布台

有些尿布台的设计就是上面一个平台，下面两层抽屉，抽屉里放置些尿不湿和其他物品。这种设计和市面上很多其他婴儿用品一样，非常不实用。因为它们的台面连宝宝用的洗屁屁盆都放不了，你还是得在旁边多放一张桌子，而且这种尿布台的抽屉一般都做得很深，非常不便于取东西，也不便于清理。

最实用的尿布台是那种长方形的、带抽屉和柜子的设计，台面上除了放隔尿垫，还要能放下其他杂物，比如洗屁屁盆和湿巾、纸巾等换尿不湿需要用到的东西。抽屉可以用来放宝宝换洗的睡衣、内衣、口水巾、纱布巾之类的，柜子则可以用来放较大件的东西，比如整包整包的尿不湿。

有些尿布台的侧面有能够活动的桌面，需要的时候可以放下来增加使用面积，不用的时候可以收起来。

如果你希望每样东西看起来都很搭调的话，可以找一些工厂专门定制宝宝全套的婴儿床具，但是这样的话通常花费很大。其实你只要多花点心思，肯定能找到自己中意的款式，而且稍微装饰下就会和你的婴儿床很搭配。

宝宝衣柜

给婴儿房里定做一个衣柜是很有必要的。一来可以把宝宝的衣服收拾得整洁又干净，二来无形中也增加了很多储物空间，毕竟宝宝的东西只会越来越多。可以的话，最好让衣柜贴着墙，这样更吸音，婴儿房里也会更安静。如果不想订做衣柜，就尽量买一个独立衣柜，可以趁打折的时候买，价格都很便宜。千万不要买那种可爱型的宝宝衣橱，不禁用，宝宝稍微大一点就装不下什么东西了，非常不实用。

椅　子

无论你家的婴儿房多小，都应该想办法放上一把椅子。最理想的就是那种既可以满足你抱着宝宝坐在上面喂奶，又可以容纳你在宝宝稍微大点后抱着他坐在上面讲故事的椅子。所以在选择的时候，尽量购买那种直背椅，而且椅座要足够宽。很多爸爸妈妈喜欢买摇椅，尽管这种椅子经常贴了一个"哺乳专用椅"的标签，但我还是不赞成买，因为它并不安全。宝宝在大点以后，会走路了，就会扶着任何一个他能扶到的东西站起来，摇椅也不例外，这其实很危险。虽然坐在摇椅上轻轻摇晃宝宝，的确容易使他们快快入睡，但同时也会养成宝宝一定要抱睡的坏习惯。因此我不太赞成新手爸妈们购买摇椅来使用。

窗　帘

窗帘长度要垂到地，而且必须是不透光的布料。装设窗帘时很重要的一点是，不要让光线从窗户上边的空隙渗透进来，最好在上面再加一段同样不透光布料的帘头。帘头要能遮住窗户两旁，不要有光线渗透进来。为什么我会这么强调"不透光"？因为即使是最微弱的一丝光线，也有可能在早晨 7:00 前就把小宝宝弄醒。也正因如此，最好不要把窗帘就挂在一根窗帘杆上，因为这样光线会从窗帘杆的隙缝中漏出来。当宝宝再大一点时，如果他在清晨 5:00 就被阳光或街灯弄醒，他也许就再也不会睡了。

我认为最理想的窗帘就是，当你拉上它，关掉灯，房间里是完全黑暗的，即使房间另一头站着一个人，你也看不见他这种。只有在这样的环境下，人才能睡得好、睡得熟。事实上，研究也证实，在黑暗的环境中，人脑会分泌帮助睡眠的化学物质，这就是为什么即使只是午觉，我也会把小宝宝放在黑暗的房间里的原因。

亚历山大和他的妹妹

亚历山大 3 岁的时候，我因为照顾他的新生儿妹妹而认识他。他的饮食情况良好，而且从小就自己睡婴儿床，但他常常夜醒，一直到 9 个月大，还是会一夜醒好几次。他的爸爸妈妈整天疲惫不堪、呵欠连连，试了各种睡眠训练法，终于在一个星期后见到成效——亚历山大可以从晚上 7:00 一觉睡到早上 5:00，中间没有间断。这对于连续 9 个月每晚都被他吵醒的爸爸妈妈而言，已经是莫大的欣喜，他们的宝宝终于可以睡足 10 个钟头。

但是当亚历山大有了小妹妹，他的爸爸妈妈很快就发现，亚历山大的早起，让他们照顾新生儿变得尤为困难，所以他们向我寻求帮助。我建议他们让亚历山大晚点睡，这样他兴许可以晚点醒。但是他们认真地试了很多次后都失败了，亚历山大依旧每天 5:00 醒。

他的爸爸妈妈原本想过，要么不理他，让他自己再睡回去，可是每次亚历山大不是叫喊着"我要拉屎了"，就是自己拉扯尿不湿，搞得全身脏兮兮。我连续观察了几天他的情况，发现他每天 5:00 起，上午 11:00 就开始困了闹觉，接着还没吃午饭就开始午睡，一睡就是两个钟头。后来我建议严格控制亚历山大的午睡时间，不要超过 45 分钟。但依然不能改变他 5:00 起床的习惯。

之后每天早上 5:00，我会去他房间观察，发现亚历山大醒来之后，都会站在窗户旁边向外看。他房间的窗户装的是百叶窗，不是布帘。也就是说，即使他们把百叶窗的叶片全部合上，光线还是会从缝隙中透进来。所以我很坚定地判断，亚历山大是被光线给弄醒的。起初他的爸爸妈妈并不大相信，但是后来他们发现，亚历山大的妹妹在 1 个月大的时候就可以从晚上最后一顿奶，睡到第二天早上 7:00，而她的房间里，窗帘不但直垂到地，不透光，还有帘头装饰。于是他们开始相信了窗帘的重要性，也给亚历山大换了同样质地的窗帘。

后来几天，亚历山大还是会在早上 5:00 醒来，但他再也看不到窗外透进来的光线。每次他一醒，我就会去他房间，跟他重复同样的话："宝贝，天还没亮，我们再睡会儿，等天亮了，爸爸就会来叫你起床。"除了这句话，其他什么话都不说，即使他试图跟我有其他交流，我也仍然是说同样的话。这样坚持下来，第一个星期，他还是在早上 5:00 醒来，但是很快就可以自己睡回去；两个星期以后，他完全可以从晚上 7:00 睡到早上 7:30，并且一直保持。就因为这样，我才更加肯定，亚历山大的睡眠问题就是因为光线引起的。所有孩子都可能因为光线在早晨五六点就醒来，但如果房间够暗的话，他们都可以自己睡回去。

地 毯

关于地毯的选择，我的建议是整铺房间的大块地毯要比小地毯好。因为这样的话，当你在昏暗的光线中照料宝宝时，就不至于被小块地毯所绊倒。你可以买一块防污的大地毯，颜色不要太深，也不要太浅，因为这两种地毯都容易显灰尘。

灯 光

婴儿房的主灯最好有亮度调控器。这样在宝宝刚出生的时候，就可以通过把灯调到最暗，暗示宝宝该睡觉了或是该休息了。并且对于新生儿而言，最好不要直视强光。当然，如果你买的灯没有亮度调控器也没关系，你可以考虑那种直接插在插座上的小夜灯。小夜灯的额定电流应该是 13 安培。

婴儿用品

睡篮或床中床

正如之前所说，睡篮不是必需品。即使是最便宜的睡篮，加上支架，也是一笔不小的花销，得花上好几千，而小宝宝可能一个半月大就睡不下了。不过，如果你家房子很大，或者宝宝出生不久后你就要带着他出远门，那么睡篮还是有用处的。这种情况下，如果能从朋友那里借用一下也不错，省下来的钱可以用来给宝宝买一个好的婴儿睡垫。

至于婴儿床、床中床，说真的，它们只不过是婴儿床的缩小版，当然给宝宝用的话，要比睡篮来得理想，毕竟它们还是比睡篮长一些的。但是除此之外，就没有其他实用的地方了。现在的宝宝基本都是仰躺着睡，稍微长得快一些的没几天就伸不开胳膊和腿了，更糟的是，他们的小手也可能卡在小床和大床的栏杆中间。

不过，不管你打算给宝宝用睡篮还是婴儿床，你都需要准备下面的床品：

★ 3 条有弹性的纯棉床笠，材质选择柔软平滑的针织绵。

★ 准备 6 条平滑的棉布被单，用来盖在小宝宝身上，同时也可以压在床垫下。

★ 4 条纯棉的透气密织毯。

★ 12 条薄纱布，垫在睡篮或小床内的屁股部位，防止宝宝尿床时把床弄湿。

婴儿车

其实现在很多爸爸妈妈都会发现，在所有婴儿车里，轻便型的推车是最实用的，不仅携带方便，还不占空间。不过市面上的婴儿车种类繁多，每一款都有客户需求，而我的建议是，不管你买什么类型的婴儿车，首先要考虑的是你们的居住位置和生活习惯。比方说，如果离你家最近的商场都必须开车出行的话，那么你就应该买一辆相对轻便、容易组装，而且轻轻松松就能放进你后备厢的车型，这样的话，当你不得不独自出门的时候，带着推车就不会太吃力。现在市面上有很多这样轻巧型的推车，椅背也可以放平，新生儿可用，车篷还有专门的挡风罩，雨雪寒冷天可以给宝宝多一层保护。

还有一种"三合一"多功能型的婴儿车也很受家长欢迎，配了睡篮，新生儿时期可以让宝宝躺在里面，宝宝再大一点的时候，可以用作手推车。如果你的家附近很安静，走路就可以到商场，那可以考虑买这种。

第三种选择，就是那种稍微重一点的高景观车，这种推车可以让宝宝躺在里面，并且通常还配了一个睡垫。

如果你必须经常使用旧型或轻便型的婴儿推车，在市区及空间狭小的商店（例如超市的狭窄走道）走来走去，那么有回转式轮轴的推车会非常理想。和单向轮轴的推车比较，它们在遇到转角时可以毫不费力地调整推车的方向。

不管最后你决定买哪一种，购买前别忘了多练习组装几遍，同时在商场里把婴儿车从地面举起来几次，确定你能够不费力地把它放进车子后备厢。

还有一些是买婴儿车时须注意的事项：

★ 婴儿车上必须配有牢固的安全带，扣在宝宝肩上和腰上。车轮的轮轴要选择回转式的，而不是单向式的。并且车轮要有容易操作的车刹。

★ 车篷上要有罩子，这样天冷的时候宝宝才不会着凉。

★ 其他可能用到的配件也要一次买齐：遮阳篷、雨伞、推车睡袋、枕头、储物篮或购物袋。这些东西的款式会经常变，如果你等到下一季再买，可能大小和风格就不搭配了。

★ 购买时在商场里多推着走走，检查把手高度是否合适，再把车推到走廊和转角，试试看是不是很容易转向。

汽车安全座椅

安全座椅从接宝宝出院回家开始，就是必需品。即使是非常近的距离，只要开车出行，就一定要让宝宝坐在座椅里，千万不要抱着宝宝，这样坐车非常不安全。太多的悲剧事件告诉我们，在发生撞击和紧急刹车的情况下，大人是不可能抱住孩子的。同理，安全座椅也不能安置在副驾驶座上，现在大多数车子都配备安全气囊，而气囊爆破后无疑会挤压到小宝宝，除非安全气囊已经过处理，不会再弹出来了。

安全座椅要尽量购买材质较好又坚固的那种，并且最好有详细的安装说明。

以下是选购座椅时需注意的事项：

★ 选择头部比手臂两侧窄的安全椅，以便汽车在遭受到侧面的撞击时，能够为头部提供更多保护。

★ 安全带的设计最好是那种一拉就能很轻松操作的款式，这样当宝宝坐在座椅里时，很容易就能帮他整理衣物。

★ 安全带的系扣开关要能够灵活开合，但是不能让宝宝轻易就能打开。

★ 检视其他必须购置的配件，例如头枕、替换椅垫。

婴儿澡盆

和睡篮一样，婴儿澡盆对宝宝来说并不是一件实用品，因为小婴儿长得很快，澡盆很快就装不下他了。宝宝刚出生的时候，在大人的洗脸盆里就可以洗澡，或者你可以在市面上买那种专门给小宝宝设计的沐浴躺椅或浴网。这样妈妈们可以解放双手，让宝宝躺在上面，放心地给小宝宝洗澡。

不过，如果你还是想要买个宝宝专用的澡盆，那么，我建议你买那种大小刚好可以放在大浴缸里的婴儿澡盆，这样不管是往里添水还是倒水都很方便。而市面上其他一些婴儿澡盆，通常都需要同时配备一个支架来解放你的腰，添水或倒水还需要一个小桶来回地舀水。

还有一种澡盆的设计，是澡盆和换衣台一体。但我觉得这种设计非常不实用，因为当你把宝宝从澡盆里抱出来之后，你必须先把澡盆的盖子盖上，并展开放平在澡盆上，才可以把宝宝放在台子上换衣服。整个过程非常烦琐，并且这种澡盆内的水也很难倒出来。我每次都是把盆子整个歪倒在一边，才能把水全部倒出来，而这种澡盆很多下面都同时设计有置物架，或许设计者的初衷是方便爸爸妈妈拿取洗澡用品，但事实上，每次我帮宝宝洗澡时，置物架里的东西都掉得满地都是。不仅如此，这种一体式的澡盆价钱还非常贵，所以我建议大家千万别花冤枉钱。

换衣垫

有必要准备一个。购买时最好选择那种容易清洗、两边加厚、塑胶材质的换衣垫。并且新生儿时期，最好在换衣垫上铺一块纱布巾，因为小婴儿通常都不喜欢冰冰凉凉的东西。

背　带

有很多爸爸妈妈其实很依赖背带，经常用它背着小婴儿走来走去。而我从来不用背带，一方面，用背带把宝宝长时间背在身上，对我而言很容易劳累；另一方面，对于非常小的宝宝而言，如果你把他立着贴在你的身上，他很容易就会睡着。而后者基本违背了我一直主张的作息规范的初衷，事实上，我通常不建议宝宝在白天想睡就睡，而是让他们保持适度清醒，培养自己入睡的习惯。当宝宝再长大一些的时候，如果爸爸妈妈们想要背着宝宝走来走去，婴儿背带会很有用，尤其是当宝宝已经大到完全可以脸朝前坐在背带里了的时候。

如果你觉得自己可能很需要背带的话，以下是一些选购时的注意事项：

★ 背带上的锁扣必须很牢固，确定不会意外脱落。

★ 背带必须能够支撑婴儿的头部与颈部，有些背带配备有可拆卸的靠枕，可以给非常小的宝宝提供额外的支撑力。

★ 选择可以让婴儿面朝内或朝外的那一种，而且椅子的高度必须可以调整。

★ 材质必须结实、方便清洗，并且有足够舒适的肩带，这样背着宝宝时才不会不舒服。

★ 在购买时，建议在商场多试着背几下，最好背着宝宝一起试试，因为不是每种型号都适合你的宝宝。

婴儿围栏

现在很多专家都不提倡使用围栏，他们认为，围栏局限了小宝宝好奇心的发展。但在我看来，只要不是把宝宝独自放在围栏里太久，一般都没有关系。尤其当你不得不去准备午餐，或上厕所，或开门时，婴儿围栏就能帮你很大的忙，至少它能保证你的宝宝在短时间内是安全的。如果你决定在屋内使用围栏，那么在宝宝很小的时候就要开始让他习惯。

我建议父母在选择围栏时，尽量购买那些宽广的木制围栏。因为它能提供较大的活动空间，宝宝可以扶着栏杆站起来走来走去。但不管你用的是哪种围栏，一定要远离辐射区、窗帘、地线之类的，因为宝宝如果被线绊住，就可能会引起致命的危险。这类悲剧时有耳闻，应该尽量避免。

以下是选购围栏时应注意的事项：

★ 要确定它的底部可以固定，这样宝宝才没办法移动。

★ 检查围栏的铰链或挂钩是否会危害小宝宝的安全。

★ 如果买的是网状的围栏，一定要事先确定哪些网或格子够坚固，宝宝不会把小玩具塞进格子里，同时注意格子的大小，不可以让小宝宝把手指头或头塞进去。

母乳喂养必需品

哺乳内衣

这种内衣是专为哺乳期设计的，罩杯上加装有挂扣或拉链，哺乳时可以轻松解开。选购时，你需要特别注意，肩带能不能做较大幅度的调整，这样有助于支撑你的胸部。材质最好选择纯棉的，穿起来比较舒服。内衣的罩杯不要对乳头造成压迫，因为不合适的罩杯会影响母乳的分泌。我建议妈妈们最好产前先买两件，这样产后如果穿着舒服还可再加买几件，如果不舒服，那就换别的式样。

防溢乳垫

刚生完宝宝有一段时间，你会需要用到大量的防溢乳垫。因为每次哺乳前都要更换，还有些妈妈乳汁分泌特别多、特别快，那么可能还没等到给宝宝喂下一顿奶时，就需要更换了。我接触过很多妈妈，她们大多都喜欢圆形的乳垫，因为它的形状和胸部比较贴合。至于选择什么牌子，根据我的经验，价钱比较贵的乳垫其实更加经济省钱，因为它们的吸水性通常比较好，从长远来看更为划算。我建议你可以先买一盒试试看，如果觉得用得不错可以再多买些回来囤着。

哺乳枕

这种枕垫是给妈妈们哺乳时用的。喂奶的时候，妈妈们可以系上哺乳枕，把宝宝放在枕垫上，这样既护住了妈妈的腰部，又可以支撑妈妈的大小臂，省力了许多。而且市面上的哺乳枕大都有科学的弧度，可防止宝宝呛奶。等宝宝再大一点可以坐的时候，还可以把这个枕垫靠在宝宝身后支撑他坐着。记得如果你打算买哺乳枕的话，一定要买那种枕套可以随意拆下来清洗的款式。

乳头膏（喷剂）

乳头膏主要用来缓解哺乳不当所造成的红肿和疼痛。这种疼痛大多是因为衔乳姿势不当引起的。如果你在哺乳期感到乳头疼痛，需要用到药膏和喷剂的话，一定要事先咨询医师或哺乳专家，一般她们都会先检查一下，是不是你的衔乳姿势不当，然后根据你的情况，告诉你要用到什么样的药膏或喷剂。但是，喂奶的时候是不应该使用任何药膏或肥皂的。一天两次用清水洗洗乳头，每次喂完奶，用乳汁轻轻摩擦乳头，然后让它自然风干。

电动吸奶器

在这里，我很确定地说，被我照顾过的很多产妇之所以能够顺利实现母乳喂养，是因为从一开始，我就鼓励她们使用电动吸奶器。事实上，在宝宝刚出生的一段日子，母乳妈妈的乳汁分泌量通常都会超过宝宝的实际所需（尤其是早晨刚起床的时候），所以，这个时候我都会建议妈妈们用电动吸奶器把奶水先吸出来，存好，冷藏或是冷冻起来。

等到白天，尤其是一天中乳汁分泌最少的时候，再把储存好的奶取出来喂给宝宝吃。

而我相信，很多宝宝晚上洗完澡后，还是不愿意安静下来，也不愿意睡觉。这其中很大一个原因就是，妈妈因为一天的疲惫导致奶水分泌量减少，宝宝在晚上那一餐没有真正吃饱，所以才会表现得焦躁不安。如果你决定母乳喂养，而且想要很快让宝宝建立起规律的吃奶习惯，那么电动吸奶器几乎是必备品。不要听人说手动的好用就去买手动的吸奶器，这种吸奶器既费力又慢，以至于很多妈妈根本来不及把奶吸出来，奶阵就过去了，慢慢地，很多人也就放弃吸奶了。

储奶袋

吸出来的奶水可以冷藏24小时，冷冻的话可保鲜1个月。这种储奶袋经过特殊的设计和提前消毒，可以在药店或者商场母婴用品柜台买到。

奶　瓶

某些哺乳专家完全反对让新生儿使用奶瓶，即使里面装的是母乳也不行。他们声称，奶瓶会让宝宝对乳头和奶瓶产生混淆，宝宝因此不喜欢吸妈妈的奶，进而导致妈妈奶水分泌量减少，最后只能放弃母乳喂养。

但据我观察，大多数妈妈之所以放弃母乳喂养，是因为她们疲于应付"饿了就喂"的宝宝，有的宝宝甚至夜奶无数次。而多年来，由我照顾的每一个新生儿，从他们出生第1周开始，我都会在晚上或半夜时，给他们喂一瓶预先挤出来的母乳。但这些宝宝中，从来没有因为奶瓶喂食而拒绝吃妈妈的奶，也没有对奶嘴和乳头产生过混淆。事实上，我认为，这么做还有一个好处，就是可以让疲倦的妈妈在一天的劳累之后好好地睡上几个小时，当她们得到充足的休息之后，才能更好地进行母乳喂养。

同时我的建议是，如果你决定给宝宝使用奶瓶，那么，最迟不要晚于出生后的第 4 周尝试，并且使用奶瓶的次数最好控制在一天一次。如果在新生儿初期奶瓶喂食的次数超过一天一次，那么我必须提醒妈妈们，上述提到的混淆情况还是有可能发生的。

另一种状况倒是经常发生，很多妈妈都告诉我，她们的宝宝"拒绝"奶瓶。这些宝宝通常三四个月大，一直用母乳喂养，而这个时候他们的妈妈正好需要回到工作岗位上，可宝宝们却"拒绝奶瓶"。这种现象可能持续好几周，妈妈为了让宝宝适应奶瓶，可谓绞尽脑汁。这也是为什么我提倡每天用奶瓶给宝宝喂食一次的另一原因。因为从出生开始他们就习惯了奶瓶这个东西，自然就不会再出现无法适应的情况。而且使用奶瓶可以让爸爸们更有参与感，因为这样他们终于也可以喂养宝宝了。

至于奶瓶的选购，现在市面上有很多牌子的奶瓶，每个牌子都声称自己的产品是最好的，"最适合宝宝使用"的。但相信我，从我的经验来说，最好用的奶瓶就是那种"宽口径"的奶瓶，不管是清洗，还是倒奶粉、倒母乳，都更加方便。你也可以买那些不含有双酚 A（BPA）的奶瓶，因为科学家认为，很多透明塑料奶瓶都含有这种物质，而这种物质可能会渗入到奶水当中。

我建议，在开始使用奶瓶的时候，可以先选择新生儿专用的奶嘴，这种奶嘴流速较慢，宝宝需要用力才能吸出奶来，就像吸妈妈的乳房一样。当然，流速过慢的奶嘴也不行，容易导致胀气等问题，但如今市面上有很多"防胀气"的奶瓶，所以选购时不妨仔细筛选一下。我的建议是，在新生儿时期，先给宝宝使用新生儿奶嘴，当他吃奶显得非常费力的时候，可以再给他换一个流速较快的奶嘴。这种情况最早发生在宝宝出生后第 3 周左右，但是通常来说，都是 8 周以后的事。如果你想了解怎么给奶瓶消毒的相关信息，可以参照下面章节的内容。

奶瓶喂养的必需品

奶　瓶

上文提到，奶瓶还是选择宽口径的好，尤其对于吃奶粉的宝宝而言，因为宽口径奶瓶可以把胀气和宝宝肠绞痛的风险降到最低，这一点非常重要。当很多爸爸妈妈因为宝宝肠绞痛向我电话求助的时候，我都会建议他们马上把宝宝的奶瓶换成宽口径的试试。而事实上，这些宝宝的情况的确好转许多。因为吃奶瓶的宝宝很容易吸进多余的空气，从而引起胀气和腹痛，而宽口径的奶瓶和奶嘴可以避免这两种情况的发生。建议奶瓶喂养的宝宝，一开始准备 5 个 240 毫升容量、4 个 120 毫升容量的奶瓶。

奶　嘴

大多数奶瓶最开始配的都是新生儿专用的小流量奶嘴，这种奶嘴通常用到宝宝 8 周大的时候就需要更换。市面上有很多奶嘴分月龄选择，所以，就囤货而言，可以在宝宝出生前把中等流量的奶嘴也先准备好。

至于奶嘴的材质，我一般建议硅胶的，因为硅胶奶嘴与妈妈的乳头触感相近，宝宝会像吮吸妈妈的乳头一般吮吸奶嘴。

奶瓶刷

正确彻底地清洗奶瓶是非常重要的。尽量选择那种带有长塑料柄的奶瓶刷，因为只有这种刷子可以拿得稳稳地伸到最底部，彻底地清洗奶瓶。

奶嘴刷

很多妈妈都习惯直接用手指清洗奶嘴，又快又干净，但如果你的指甲很长，那你可能还是有必要买一把奶嘴刷。虽然这种刷子可能会在清洗的过程中把奶嘴的孔撑大，导致你不得不频繁地更换新的奶嘴，但对于长指甲的你而言，它依然是必需品。

奶瓶收纳盒

对于那些清洗和消毒过的奶瓶来说，准备一个奶瓶收纳盒也是有必要的，这样方便你收纳和整理，当然如果盒子上再配个盖子就更好了，既可以防尘又可以保证卫生。

奶瓶消毒器

不管是母乳喂养还是奶瓶喂养，有一点非常关键，就是所有的哺乳用具，包括奶瓶、奶嘴、吸奶器，都应该正确消毒。消毒方式主要有三种：第一种，把这些用具放在一个大锅里，用沸水煮 10 分钟；第二种，把这些用具放在消毒液里泡两个钟头，然后再用开水冲洗；最后一种，用电动蒸气消毒器消毒。这三种方法我都用过，毫无疑问，最方便、最快捷、最有效的方法就是使用电动蒸气消毒器。但是购买之前，有一点一定要注意，不要买那种必须放进微波炉里消毒的消毒器。因为这种消毒器只能放下少数几个奶瓶，而当你需要用微波炉加热其他食物的时候，还得把奶瓶一一拿出来，真的很不方便。

电热水壶

给宝宝冲奶粉时,电热水壶非常关键,所以,你一定要买一个效率高,且容量足够大的壶。而且要注意,给宝宝冲奶粉的水必须是新烧开的水,在冲奶粉之前,要把烧开的水先冷却,用温水给宝宝冲奶。

温奶器

其实温奶器并不是必需品,因为你可以把奶瓶放在一个装了开水的壶里,这样奶瓶就不会凉掉。但我发现,对于清早要喂奶的宝宝而言,温奶器的用处还是很大的,因为你不用一大早起来就去烧开水,然后把奶瓶放凉。还有一种温奶器的设计附了一个碗,这样当宝宝长大可以吃固体食物的时候,妈妈们就可以把食物放在碗里加热,直接喂给宝宝吃。

便携奶粉盒

奶粉盒的设计对于冲泡奶粉来说非常方便,不管是出门旅行,还是半夜起来喂宝宝吃奶,快速就能冲好奶了。建议购买的时候,最好选择那种有三层格子的塑胶盒。每一层都能放一顿的奶粉量,一共可以放三顿。出门携带非常方便,这样你就不用带整罐整罐的奶粉出去,就算是夜里起来泡奶粉,也不用特意去厨房倒奶粉。

新生儿所需衣物

小婴儿的衣服市面上真的很多,各种款式,好看又可爱,尤其去到商场，简直眼花缭乱，而且你会发现，在热心的导购员口中，几乎每一件都是"必备款"。但是妈妈们，虽然对你们而言，给宝宝买买买是一件乐在其中的事，但我还是忍不住提醒一句，给宝宝买衣服一定要理智。因为新生儿几乎是以迅雷不及掩耳的速度在成长，很多宝宝甚至还没出满月就已经穿不下最小号的衣服了。虽然他们可能一天要换很多套，但如果你买太多，最后可能衣柜里会挂满了从没穿过的衣服，那就可惜了。

在宝宝出生的第一年里，他的衣柜至少会更新三次，即使你买的都是最便宜的衣服，加起来也是一笔不小的开销。所以，我建议在宝宝出生前，准备几件最基本的必备衣物就可以了，而且还有很多亲友赠送的新衣或二手衣，所以一开始无须准备过多。可以等宝宝大一点，缺什么再买什么也不迟。

新生儿阶段的衣服，我建议尽量避免鲜艳色。因为这个阶段的宝宝，吃奶或是排便，经常会弄脏了衣服，而这些污渍在 60℃ 以下根本无法去除，可如果用热水洗，这些鲜艳的衣服很快就会褪色。所以，除了外出服，内衣或是家居服最好选择白色的、简单的款式。这样你可以把所有的衣服放一块儿洗，相对也就会轻松许多。如果可能的话，还可以买一台烘干机，这样衣服洗完再拿出来就不需要担心熨烫的问题了。

下面是我认为最初几个月的宝宝必需的衣物。建议宝宝出生以前，不要剪掉衣服上面的商标，也不要丢掉包装袋。这样，宝宝出生以后如果衣服尺码不合适，还可以拿去店里更换或是转给其他适合的妈妈。

内衣	6~8件	袜子	2~3双
连体衣	2~3件	帽子	2顶
包屁衣	2~3件	手套	2双
毛衣	2~3件	大包巾	3条
冬天的外套	1件	外出服	1件

衣　服

通常来说，除非天气实在太热，否则不管冬天、夏天，新生儿都应该穿内衣。因为内衣贴身穿，而宝宝皮肤细嫩又敏感，所以，妈妈们在购买时最好选择100％纯棉料的衣服。如果你不想让宝宝的衣服看上去脏脏的，或者你不想看到鲜艳的衣服因为多次被热水烫洗而褪色，那么最好选择纯白色的款式，或是白底加浅色花纹的衣服，不仅容易清洗，也很干净清爽。

最适合新生儿穿的款式应该就是连体衣，衣服和裤子连成一体，长袖短袖都有，领口如果是信封领就更棒了，穿脱起来都很容易。尽量避免给宝宝买那种胸前系带的衣服，因为这种衣服的带子洗过之后经常会坏掉不能用，并且胸前容易灌风导致宝宝着凉。同理，那些胸前系扣的衣服也不合适。

连体衣的选择最好是那种背部或大腿内侧有开扣的款式，这样给宝宝换尿布的时候，就不用把整件衣服都脱下来。

当然，除了连体衣外，还有很多包屁衣也是不错的选择，通常市面上的包屁衣都是一包两三件，再搭配着买几条打底裤就可以了。

如果你的宝宝是冬天出生，那么你还需要准备两三件毛衣，最好是纯羊毛制的，这种毛料最适合冬天的小宝宝。市面上很多羊毛衫加了蕾丝或彩带装饰，它们看起来很迷人，但如果设计得不好，很容易就会缠住宝宝的指头引起危险。

袜　子

对于刚出生的宝宝，最实用的还是式样简单的、纯棉或羊毛的袜子。尽量不要去买那些花哨的毛线袜或是缎带袜，它们可能会缠绕到宝宝的脚指头。还有一点需要注意，对于这个阶段的宝宝，不管市面上的鞋做得多么可爱、多么漂亮，妈妈们最好都不要去买，也不要尝试给宝宝穿鞋，只穿袜子就好，因为鞋子无论如何都比袜子硬，而太硬的鞋可能会伤到宝宝柔软的骨骼。

帽　子

一顶纯棉带帽檐的帽子，对夏天的宝宝来说是必备品，可以保护宝宝的头和脸不被太阳晒到。当然，更理想的是那种可以一直遮到颈背的太阳帽，防晒效果更棒。春秋气温较凉的时候，就给宝宝戴纯棉的帽子，保暖性足够。到了冬天，天气非常寒冷的时候，我会建议妈妈们给宝宝戴一顶羊毛帽。如果宝宝皮肤很敏感的话，那么，可以选择那种里面有一层纯棉内衬的羊毛帽。

手　套

宝宝们通常不喜欢自己的手被包起来，因为他们喜欢用自己的手去触摸、感觉和探索周围的世界。但如果宝宝的指甲太尖锐，或者很容易抓伤自己，那妈妈们还是需要用纯棉手套把他的小手包起来的。在非常冷的天气，妈妈们还需要给宝宝戴羊毛手套。对于皮肤比较敏感的宝宝，在购买羊毛手套时，也同样需要注意选择那种有纯棉内衬的手套。

大包巾

我相信，对于刚出生头几周的新生儿，如果把他们包裹在襁褓中，会对他们的睡眠大有帮助，同时可预防新生儿常有的惊跳反应。通常我会建议妈妈们就用一块轻薄的、稍有弹性的纯棉包巾包裹宝宝。为了避免宝宝过热，包裹一层就可以了，不要包两层或多层。到了第6周，当

你抱着他时，就应该让他适应半包襁褓的感觉。研究证明，婴儿在 2 ~ 4
个月时猝死率最高，而引发猝死症的主要原因就是体温过高。所以，你
要时刻注意检查宝宝的襁褓，确定没有包裹太厚，同时让室温维持在
16 ~ 20℃，这是婴儿死亡研究基金会建议的标准温度。

如何用大毛巾包裹宝宝

（1）把宝宝放在一块四方形的大包巾上，牵起包巾的一头，高度与后脑勺齐平。

（2）从肩膀处对折往对角线拉。

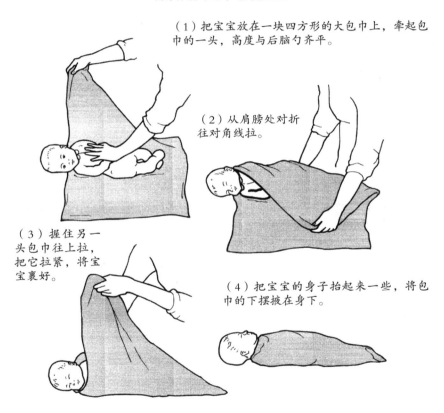

（3）握住另一头包巾往上拉，把它拉紧，将宝宝裹好。

（4）把宝宝的身子抬起来一些，将包巾的下摆披在身下。

冬天的外套

如果是冬天出生的宝宝，那么记得在购买外套时，买大两个号的尺
码，因为宝宝长得很快。尽量不要买那种很花哨的款式，也不买那种帽

子边上带一圈毛毛、下巴的地方还垂下来几个圆球球的款式，虽然很好看，但不适用于新生儿。对这个阶段的宝宝而言，柔软且容易换洗的外套比较实用，并且就小宝宝而言，带按扣的外套比带拉链的好一些，因为拉链款经常容易卡到宝宝下巴上的肉肉。

外出服

不管宝宝是在哪个季节出生，准备一件薄外出服总是没错的。夏天起风或冬天天气不太冷的时候都可以给宝宝穿。外出服的选购原则最好是样式简单、好清洗、按扣款而不是拉链款的，同样地，最好买大两号的尺码。

清洗宝宝的衣物

在给宝宝花了不少钱买衣服后，妈妈们很有必要花点心思在料理这些衣物上，因为宝宝们长得太快，一件衣服经常穿几次就再也穿不下了。如果能够留给下一个孩子穿，还比较经济实用，但很可惜，很多妈妈经常因为洗衣方式不当，导致很多衣物甚至等不到下一个孩子再用，就要重新买新的了。

下面是一些洗衣小贴士，可以帮助你把小宝宝的衣服维持在最佳状态。

★ 不同颜色的衣物分开。

★ 床单、睡袋和围兜兜都必须用热水洗，这样才能把奶渍及留下的细菌去除，同时除掉其中可能引起宝宝皮肤过敏的尘螨。

★ 每次洗的衣服不要超过洗衣机三分之二的容量，确保所有的衣服都能浸泡在水中。

★ 污渍处在放进洗衣机之前必须事先处理。

白色衣服：60 ~ 90℃

任何沾到污渍的白色衣服，在清洗之前，都应该在冷洗精中浸泡一夜，然后在 60℃的温水中清洗。而且这些衣服必须 100％ 纯棉。对于那些有花边的围兜兜或是毛巾，都得在一开始，单独清洗几次，看看是否会褪色。

其他的例如，床单、睡袋、背心、围兜兜、袜子和白色内衣、家居服，如果不太脏，也可以放进 60℃的温水中洗涤。如果这些衣物没有事先浸泡，又特别脏的话，那就把水温提高到 90℃来洗。

毛巾和浴巾，应该和其他衣物分开洗涤脱水，以免它们起球掉毛，沾到其他衣服上，并且毛巾上沾到泡沫不容易洗掉。

浅色衣服：40℃

大部分白天穿的衣服，只要在洗衣机的轻洗或毛料段快洗一下就可以了。任何沾到污渍的地方，事先都需要在放有洗衣液的冷水里浸泡一夜，冲冲水之后再放进洗衣机清洗。

深色衣服：30℃或者手洗

任何深色衣物都必须和浅色衣物分开洗，以防它们褪色；把深色和浅色混在一起洗的结果是，浅色衣服很容易会染上灰色的印渍。同上，所有沾到污渍的衣物在清洗之前都需要用冷肥皂水浸泡一夜。

毛衣或其他精致的衣物

对于这类衣服，即使标签上写着"可机洗"的字样，我也建议你最好用手洗。洗的时候，可以把婴儿洗衣液倒在稍微温一点的水中，轻轻地搓洗，千万不要使劲拧这些衣服，也不要直接挂起来晾晒。

冲净时，尽量用流动的冷水，然后轻轻地把多余的水拧干，接着用一块干净、干燥的白干毛巾把衣服卷起来，放上几个钟头。最后，轻轻地把衣服照原样展开，放平晾干或铺在干衣架上晾干。绝对不要把毛衣挂着晾，这样毛衣会变形。

烘干机的使用

毛巾、围兜兜、床单和毯子都可以用烘干机烘干，但贴身的床单和床单被可以不要完全烘干，稍微湿湿的比较容易熨烫。不要把毛巾和其他衣物放在一起烘干，因为在烘干的过程中，毛巾容易产生泡沫。衣服烘干后要马上拿出来尽快叠好，以免起皱，同时保证它们不会闷在热热的干衣机中产生湿气。

灯芯绒和深色衣服

为了避免褪色和产生暗影，最好把灯芯绒和深色衣服放在烘干机中用冷空气烘干，时间不要超过 15 分钟，然后把衣服照原样展开，挂在衣架上晾干。这类衣物在晾干后可能还是需要熨烫才会直挺好看。

熨烫婴儿衣物

贴身的床单在还没有全干、稍微湿湿的时候熨烫最理想。浅颜色的衣服可以先喷一点水再熨烫；深色衣服为了防止褪色，最好从衣服的里面熨烫，而且熨斗温度调到冷烫。睡衣在熨烫时，上层最好加铺一层细纱布。同时，要注意把所有衣服的标签烫平，这样宝宝穿的时候才不会不舒服。

2

宝宝出生之后

*The New Contented
Little Baby Book*

出院回家

　　和大部分妈妈一样，你可能生完孩子就开始数着日子，盼着能早点出院回家。可是当出院的那一天真的到来时，你反而会变得紧张又害怕。这很正常，尤其对于初为人母的妈妈们，她们从未有过亲手照料新生儿的经验，而出院对她们来说，意味着未来的每一分一秒，她们都对眼前这个小生命负有全部的责任，再也不可能像在医院里时，有那么多医护人员在你身旁，帮忙照顾你的小婴儿了。你可能一时无法适应，毕竟这责任实在太重大了。但是，如果你能在此之前把回家后可能会遇到的所有状况思考周全，并做好准备，那么，你的不适感和无力兴许会少很多。

　　还有一点非常重要。为了避免产后情绪有过多的波动，也为了让新生儿和产妇得到充分的休息，你应该事先通知亲友，在刚回家的头些日子，尽量少一些探视和打扰，尽可能地给你们一个安静、舒适的环境。

　　我当然明白，一个新生儿的到来对整个家庭来说是多么大的喜悦，亲友们肯定都是发自内心地为你们庆贺，以致做妈妈的你几乎很难拒绝他们的热情（更多时候是不忍心）。这也就是为什么我说提前做好准备、及时沟通非常重要的原因。你需要事先跟他们沟通清楚，新生儿刚回到家的那几天，是他能否很快适应新环境的关键时刻。有些宝宝离开医院时会显得焦躁不安，如果回家之后又被一大群人围绕，这个抱完那个抱，那么，他们的情绪一定会更糟糕。而这个时候，老公的作用也很重要。同样初为人父，短短的几日，从一个男人成为父亲，他也需要时间与你和宝宝亲密相处，多多熟悉一个小婴儿的加入，更重要的是，他还需要学习如何帮助你照顾这个小生命。但是，如果你回到家每天都是访客不断，加上各种各样的电话问候，所有事情就会变得很难进行。

　　如果从一开始，你们能够拥有一个安静、舒适的环境，那么，当你们真的着手自己照顾小宝宝时，一切都会适应得很快，并且你们会有更多的信心和安全感来应付之后的育儿问题。所以，不要为了不得不拒绝亲友第一时间的探视而感到抱歉，相信他们一定会理解，这个时候对你而言，宝宝才是第一考量。尤其是刚刚生产后的妈妈，开始哺乳的头几天，过分劳累也会严重影响母乳的分泌，而婴儿对母亲的情绪反应是有察觉的，如果你很累或者压力很大，那么宝宝通常都会很快察觉，并且也跟着变得情绪不稳定。

　　还有一种情况是你的老公可能因为工作或其他问题，不能在你最初回到家的日子里随时在身旁帮忙照料宝宝。这种情况下，你应该事先有所准备，请好育儿嫂，帮你一起照顾新生儿。如果你的妈妈或婆婆能来帮忙照顾几天，那也很好，但是有一个尺度需要拿捏妥当，那就是，你们的妈妈或婆婆，她们是来帮忙照顾宝宝的，而不是指导你如何照顾宝宝的。一定要让她们知道，你的宝宝应该依照你的方式来照顾。如果她们可以做到，那么你尽可邀请她们来。如果正好她们住得也近，一天能帮你照看几个钟头，那是再好不过。你可以趁她们帮忙煮饭、洗衣、采买东西时，自己好好休息会儿。

母乳喂养的宝宝

　　通常，宝宝刚回家的头几天，对于一个全新的环境，他们会显得很不适应。而这时，你的亲友、妈妈或婆婆可能会告诉你，宝宝如此烦躁多半是因为你奶少或者奶稀，他没吃饱。虽然这些言论并非出于恶意，但对于初为人母的你而言，还是会倍感挫败，因为你是那么全心全意地想要用宝贵的母乳来喂养自己的宝宝。但是请相信我，如果你涨奶的时候，宝宝能一次把一边的乳汁完全喝光并接着再喝另一边，那么他肯定不会喝不够。以我这么多年的观察，奶粉喂养的宝宝在刚回家的头几天也会焦躁不安。所以，这跟宝宝饿不饿、吃没吃饱并没有多大的关系，不必因为你的宝宝吃母乳就猜断，他是因为没吃饱而哭闹。

要相信自己，你有足够的奶水来喂养你的小婴儿。尤其记得在刚开始喂奶的时候，一定要"少量多餐"地喂养，只有这样才能充分刺激乳腺，分泌更多的奶水。也就是我们常说的，奶水越吸越有，所以，你需要和宝宝完美的配合。无论什么时候，都不要因为听了长辈的劝告而放弃母乳，除非在你离开医院前，医生就告诉你，你的宝宝需要额外添加奶粉。又或者，你经历了一段非常艰难的产程，产后非常虚弱，那么，我会建议你在宝宝晚上睡前的最后一餐，将奶粉代替母乳来喂宝宝，这样妈妈们就可以得到更多的休息。

当然，如果你能依照我在这本书里讲述的方法，逐步养成宝宝的作息，你会发现不仅你能迅速顺利地实现母乳喂养，你的宝宝也会非常健康、快乐又好带。

最初几周

在宝宝出生后的最初几周，你每天都应该坚持在早上 7:00 把他叫醒，不论他前一晚睡了多久。这是为了在最短的时间内，帮宝宝养成固定的进食习惯。并且从 7：00 的那一餐开始，每一餐都应该依照时间表给他喂食，这样他白天一定能够吃饱，而且半夜也只用喂一次。

如果刚出生的一个月，宝宝每天凌晨四五点就起床，你也不要让他睡到超过 7:00，而是应该按时在 7:00 叫他起床，再喂他一些奶，然后接下来的一天，照时间表给他喂奶。如若不然，接下来的一天会乱成一团。

在最初的几周，如果你的奶水分泌量超过宝宝的需求，请把多余的奶水冷冻起来。如果你发现宝宝在吃完晚上 6：15 之后的那一餐，依然表现得焦躁不安，那很可能是因为经过一天的劳累，你的奶水分泌量减少，这时你可以再泡一些奶粉喂宝宝。如果在宝宝 3 周大进入猛长期时，你的奶水明显减少，一大早起来也只有 30 毫升的奶量，这时你就真的需要给宝宝补充奶粉了。

奶粉喂养的宝宝

如果你从一开始给宝宝添加奶粉时，就依照他的体重比例，给他适当的分量喂他吃饱，那么通常来说，他的进食很快就会非常有规律。记住在早晨 7:00 至晚间 11:00 之间，总喂奶时长不要超过四个钟头。正常状况下，宝宝在后半夜应该只醒来一次。如果宝宝在白天两餐之间一睡就是五六个钟头，那他很可能就会夜醒两三次，把白天没吃够的奶量在晚上补回来。这种情况下，很多妈妈会因为夜里太劳累，导致第二天早上 7：00 醒不来，也没有办法给宝宝喂奶，然后渐渐地，宝宝就养成了一个不好的习惯——白天睡多吃少，晚上睡少吃多。

因此，不论宝宝晚上几点起来吃奶，吃几次奶，你都应该坚持在早上 7：00 把他叫醒喂奶。如果他在凌晨五六点醒来吃过了，那么 7：00 的时候他当然还不饿，即便如此，你也应该在大约 7:30 的时候，给他添一些奶粉，这样他就可以高高兴兴地撑到 10:00 或 10:30 才觉得饿。如果他在凌晨五六点吃过了，七点多的时候你没有给他加餐，他很可能不到 9：00 就饿了，然后连带着一天的进食和睡眠都被扰乱。不管是母乳喂养的宝宝，还是奶粉喂养的宝宝，**好的生活作息都始于早晨 7：00**。

偶尔会有一些宝宝，你给他满满的一瓶奶，他可能 10 ~ 15 分钟之内就把奶一下喝光了，这种宝宝很多人都管他们叫"大胃王宝宝"。但事实上，大部分的"大胃王宝宝"并不是真的很饿，他们只是喜欢吸吮的感觉罢了。对这些宝宝而言，吸吮不只是进食而已，还有很大的乐趣。

因为喜欢吸吮，所以一拿到奶瓶，他们就迫不急待地把奶喝光了。

如果你的宝宝每次吃奶，都咕噜噜地一下就喝光，然后还继续想吃，那你可以试试给奶瓶换一个小一点的吸嘴。在给他喂奶之前先拿奶嘴骗骗他，让他吸吸，满足他的吸吮快感。但如果宝宝一瓶奶吸了 20 分钟还吸不完，那可能是吸嘴的洞太小了，你应该帮他换大一号的。

通常来看，奶粉喂养的宝宝似乎都长得又快又大，这是因为很多时候他们喝的奶量都会超过他们的体重所建议的奶量。如果宝宝只是一天多喝了几十毫升奶，应该没有什么大碍，但如果他总是吃太多，而且每周体重都超标 240 克，那他很可能就会出现肥胖方面的问题。

最初几周

在宝宝出生后的头几周，每天都应该依照他的体重给他喂奶，偶尔多了几十毫升或少了几十毫升都没有太大的关系，只要确保宝宝已经吃饱了就好。如果你感觉他老是吸不够，可以让他吸吸安抚奶嘴，只要不是让他睡着了还含着奶嘴，应该就没有什么问题。奶粉喂养的宝宝在吃奶的时候，通常都会比母乳宝宝活跃，因为奶瓶不大会遮住他们的视野，他们会不断地左顾右盼，所以在喂奶的时候，你应该尽量让四周的气氛安静祥和。避免过分逗弄使他太兴奋，影响了他的胃口。建议你在宝宝喝完奶后，接着帮他拍气，如果拍了几分钟他都没有打嗝，那就把他放下，等一会儿再拍拍。

给自己和宝宝一些时间

如今的媒体对于"完美妈妈"和"亲子关系"有太多太多刻意的渲

染，导致现实生活中的妈妈们常常备感挫败。尤其当她们打开手机或杂志，看到一篇篇明星家庭采访时，总是不由地感慨：为什么同样是妈妈，别人看上去却是那么容光焕发，连同手上抱着的小婴儿都穿得那么可爱得体？

你还会看到，不管这些名人明星经历了多么痛苦漫长的生产过程，她们都像统一好口径一般，满脸洋溢着幸福地告诉大众，这是她们一生中最为神奇而快乐的经历，从来没有哪个时刻像现在这样，让她们感觉如此充实、幸福。

虽然她们陪伴孩子的时间非常短暂，虽然她们的育儿经验几乎为零，但她们还是觉得自己有资格告诉大家，亲子关系非常重要。她们声称，只要好好地喂养宝宝，让他加入到原本只有你和老公的二人世界，就能建立起真正的亲子互动关系。她们似乎与她们的宝宝已经建立了一种奇妙的"精神上的关系"，彼此之间完全能够了解对方。与此同时，她们还能在短短的时间内迅速回归舞台，并且在即将进军奥斯卡的影片中担任主角，甚至还在撰写自己的新书，让全世界看到她们在产后如何轻轻松松地回归产前的状态，分毫无差。

这还不是全部，她们会告诉你，虽然要做这么多事，但她们依然坚持自己照顾宝宝，因为她们希望自己的孩子可以在正常的环境下长大。而事实上呢，你几乎不可能看到这些明星妈妈抱着孩子去挤公交车，但真实世界里的很多妈妈不仅要抱着孩子，还要抽出手一边提着刚买的整袋尿不湿，一边抱着几个满满当当的大购物袋。毫无疑问，跟媒体渲染出的"完美妈妈"们相比，真实世界里的"普通妈妈"真的备感压力，尤其是宝宝出生的头几周，这些没有花钱请人帮忙、一切都靠自己的妈妈常常会觉得自己很不称职。她们睡眠严重不足，还因为无法让总是焦躁不安的宝宝平静下来而感到失败和受挫，甚至筋疲力尽。这种感觉自己不称职的心理，会让一个母亲怀疑自己对宝宝的爱不够周到，或者和宝宝之间的互动不良。

但是请相信我，当今媒体所渲染的"完美妈妈"和"亲子关系"都是不真实的。事实上，真正良好的亲子互动，至少需要好几个星期，甚至好几个月才能建立起来。一直以来，我都会接到一些沮丧的妈妈打来的电话，她们认为自己与宝宝的互动不良，为此深感自责，不断埋怨自己。但很多时候听完她们的叙述，我发现一个最根本的问题，并不是这些宝宝缺乏关爱，而是宝宝的妈妈们长期睡眠不足。她们因为半夜喂奶，每天每天地睡不好觉，连带着影响到宝宝的情绪，导致宝宝也表现得焦躁不安。

而自从这些妈妈依照我的作息法去照顾她们的宝宝后，她们对自己的埋怨和责备明显减少，甚至消失不见，因为她们的宝宝一点点地变得快乐满足。和这样的宝宝建立感情，比和一个焦躁易怒、需要妈妈不是摇就是抱的宝宝建立感情，实在是容易太多了。我的作息法会帮助你了解宝宝真正的需要，同时你会知道如何满足他，使你和宝宝之间建立感情的过程能够更快乐、更愉悦。

3

这本书与其他
育儿书有何不同

The New Contented
Little Baby Book

我必须强调一点，从写作第一本书开始，我就坚信，只有让宝宝遵循一定的作息规范，他们才能茁壮成长，更加快乐。但与此同时，我又非常确定地意识到，遵循一定的作息规范并不是所有家长的选择，不是所有父母都能接受这样的理念，市面上还有很多"以宝宝为主导"的育儿理念，同样拥有很多受众群体。对于这样的现实，我表示完全尊重。

但是，如果你选择了这本书，那么有必要告知读者们的是，我在书中的建议大多针对的是这样一部分家长，他们和我一样，相信宝宝如果遵循一定的作息规范，会更快乐一些，也更好带一些。我希望你之所以选择这本书，是因为你们的生活已经有了一定的结构性，也愿意遵循我所给出的作息规范。如果这些都不是障碍，那么我可以向你们保证，使用完这本书中的所有建议后，你们一定能够成为合格的父母。

我的作息法真的有用吗

多年来，作为一名专业育婴师，我读过上百本婴幼儿护理方面的书籍，同时也拥有最为得天独厚的工作优势。这二十多年间，我曾和世界各地超过 300 个家庭打过交道，正是因为他们的存在，我才能够与你们分享这么多的育儿心得，也衷心希望，这些心得可以帮助你们克服育儿过程中所有常见的困难。

通常，我的工作是在一个宝宝刚出生后没几天就去到他们的家里，每天 7 个小时，少则三五天，多则几周到 6 个月不等，和这些宝宝及他们的家人待在一起。虽然媒体总是大肆渲染我的客户非富即贵，但事实上，我可以很肯定地告诉大家，我服务过的大多数家庭都很正常。他们也需要出门就医，需要别人来帮着应付一些个人问题。

可是，无论是住在豪宅，还是住在小公寓；无论是摇滚巨星、电影明星，还是一个拼搏中的小演员；无论是高调的银行家，还是普通的教师……有一点他们是共通的，那就是：他们都希望自己的宝宝健康、快乐，无论他们自己过着怎样的生活，他们都会想方设法满足宝宝的所有需求。

在过去很长时间，市面上的育儿书大都赞同以宝宝为主导的育儿方式，认为给宝宝规范一个固定的作息是不可能的，甚至有观点称，让宝宝适应一定的作息规范，对他们的健康会有严重损害。但正如我在第一本书中说的，这些年来，我帮助过很多父母，教他们在宝宝还是新生儿阶段就培养一套作息规范。这些规范后来将这些宝宝养育成了一个个快乐活泼、健康并安逸的孩子。

经过家长们的口耳相传，我的第一本书《育儿圣经》从 1999 年第一次出版到现在，一直稳居畅销书榜，这足以证明我的观点是正确的。而我始终怀疑，那些所谓的育儿专家们，他们在生活和工作中并没有接触到足够多的宝宝，也没有在宝宝的作息上真正下过功夫，就匆匆下定论，觉得让宝宝去适应固定的作息规范是不可行的。

真相是，那些完完整整读过我的书，看过书中建议和作息规范的家长，都可以证明我所总结出的作息规范的确是有用的。很多人以为，训练宝宝作息大概就是除非喂奶的时间到了，即使他饿也不要理他，或者千万不要哄他睡，让他哭到自然睡着。在这里我可以肯定地回答，不是的。按照我的方法建立一套作息规范虽然是一个艰辛的过程，需要家长们做出巨大牺牲，但世界各地成千上万的家长都可以证明这是值得的，因为他们很快就学会了如何满足宝宝的需求，从而把所有困难都降到最低。

我的作息法对宝宝的好处

之所以说我所提倡的宝宝作息规范不同于传统的 4 小时固定喂食模式，是因为它立足于满足一个健康宝宝的正常睡眠和喂食需要。当然，这种作息规范也考虑到了一些个别情况，比如有的宝宝睡得可能多一点，有的宝宝两餐之间的间隔可能更长。而我提倡的作息规范不是为了让你的宝宝在夜里什么都不吃就一觉睡到天亮，而是帮助你合理安排宝宝白天的进食和睡眠，并且把他们夜醒的次数降到最低。

不过，根据这么多年的护理经验，我发现每个宝宝都是独特的。他们有的不需要怎么调整，就能很快地养成一个固定的作息习惯，而有的宝宝则是很长一段时间都非常难搞。

据观察，那些能够快速养成规范作息的宝宝，通常都有以下几点共性：

★ 他们的父母明确想要建立一个规范作息，并采取了正确的方法，在最初实行的阶段尽量保持了冷静。

★ 很少有访客来打扰宝宝的作息，所以，他们在新环境里很快就适应并放松下来（这一点对于刚刚从医院回到家的宝宝来说尤为重要）。

★ 宝宝睡觉的时候，房间尽量保持安静和昏暗光线，并且每天的睡眠次数很有规律。

★ 白天每次给宝宝喂完奶，都会让他们保持一小会儿的清醒状态。

★ 宝宝醒着的时候，如果吃完了奶还精神状态良好，都会稍稍小玩一会儿。

★ 从第一天开始就确立一个规范的作息，每天晚上按时给宝宝洗澡，喂完奶，再把宝宝放到安静的房间里睡觉。如果宝宝还不想睡，爸爸妈妈也要尽可能保持安静，调暗房间里的光线，继续安抚宝宝，直到他最终睡下。

我的作息法对妈妈的好处

给宝宝建立一个规范作息，对爸爸妈妈而言，确实好处多多。

首先，作为新手爸妈，最紧张的莫过于听见自己的宝宝哭，尤其当你怎么都哄不好他们的时候，挫败感和无助感肯定非常强烈。但如果你遵从了我所主张的作息规范法，那么，很快你就会了解宝宝饿了、困了、累了时的表现，并且可以真真切切地明白为什么你的宝宝会烦躁不安。一旦了解了这些需求，你就能迅速而自信地做出反应，在安抚好宝宝的同时，也能让自己很快平静下来。

当然，宝宝作息规范了，对爸爸妈妈们而言还有另一个好处，就是他们可以傍晚有些可以自由支配的时间，放松放松，享受享受二人世界。这一点，对于遵从"以宝宝为主导"的家庭来说，是完全不可能实现的。因为傍晚是宝宝一天当中最为烦躁的时间段，而如果你们主张"以宝宝为主导"来育儿，那就意味着作为父母的你们，需要不停地把宝宝抱起来轻轻摇、轻轻拍，直到他终于平静下来。

常见问题回答

问：刚出生的宝宝，一定要把他叫醒喂奶吗？他看上去太困了，我真的很想把他放下来休息。

答：说实话，我非常理解这样的状况。尤其在宝宝刚出生的那段日子，如果他能多睡一会儿，对妈妈们而言简直是天大的幸福，因为她们终于可以趁机休息一会儿。但是请相信我，宝宝们这种困倦的状态只会维持短短几周。几周之后，他会越来越清醒，并且会想要你或其他人陪他一起玩。这么小的宝宝是分不清白天、黑夜的，除非你用比较柔和的方式引导他遵循一个作息规范，否则，他很可能会在凌晨4：00完全醒来，并且要你陪他玩。

因此，在这里我需要特别强调一点，在宝宝刚出生的第一周，你应该每隔3个小时就把他叫醒喂奶，这样能确保你的乳房受到足够的刺激，以促进乳汁的分泌。而且白天每隔3个小时就叫醒宝宝，很可能会有助于他晚上的睡眠，让他在晚上12：00至早上6：00之间只醒来一次。相比一位疲惫不堪、压力重重的母亲，一个休息良好、精神放松的母亲更容易分泌充足的乳汁。从长期来看，这种模式会让你和宝宝都受益匪浅。

问：虽然我也相信，遵循一定的作息规范，对我和宝宝都是最好的选择，但身边的人总是跟我说，这么把宝宝叫醒实在太残忍了，宝宝要是饿了，自己就会醒来，导致我也开始担心，这样把宝宝叫醒，会不会对他造成身心伤害？

答：很显然，那些说把宝宝叫醒很残酷的人，肯定没有像我一样有过护理早产儿或者生病的宝宝的经验。对于这些宝宝而言，有规律地把他们叫醒，让他们少食多餐，是确保他们存活下来的唯一办法。

多年以来，我看着这些宝宝一天天长大，却从来没有发现他们当中有任何人，受到了任何心理或者身体上的伤害。我倒是很确信，如果宝宝在夜里每隔4个小时就要醒来吃一次奶，会给母子二人造成更大的伤害。在宝宝刚出生的时候，我的建议是让他少吃多餐，以确定母乳喂养的模式，这种模式需要时不时地把宝宝叫醒。但这不并意味着，你必须严格按照3小时的时间表来执行，如果宝宝不到3个小时就饿了，我依然认为，妈妈应该第一时间给宝宝喂奶，以满足他正常的生长需求。

问：为什么其他书中常常在说，爸爸妈妈一定要给宝宝多一点的身体接触和关心，这样他们才会有一定的安全感，但是你却告诉我们不应该去抱宝宝，这是真的吗？

答：我常常强调身体接触和关爱的重要性。但与此同时，我也强调，父母给予宝宝的拥抱和关爱，应该是为了满足宝宝的情感需要，而不是为了满足父母自己的情感需要。要知道，抱着宝宝和抱着宝宝哄睡，这是两码事。如果你的宝宝习惯了后者，就会让他产生一种依赖，觉得必须有大人抱着他们才能入睡。而这种依赖，你迟早要打破，因为孩子们总有一天需要自己入睡。

问：等宝宝出生以后，我想试试给他确立一种作息规范，但又不想长时间地把他留在那里哭。我该怎么做？

答：在这里，我必须强调一点，不管在什么时候，我决不建议家长让宝宝独自长时间哭泣，再自己睡过去。没错，我的确说过，针对一些小宝宝，可以采用"平息哭泣法"，但我针对的这些宝宝，是那些明明很困却怎么也不愿意睡觉的宝宝。对于他们，或许需要不到10分钟的"平息哭泣"时间，就可以重新睡回去。但如果宝宝哭泣的时间超出这个长度，你就需要去查看一下。同时，你也应该仔细辨别，宝宝是不是饿了，或者是不是需要拍气，如果因为这样他们才哭，那么哪怕是短短的两三分钟，你也不应该把他一个人留在那里。

有些满6个月或1周岁的宝宝，一晚上会醒来好几次，这是因为他们已经养成了不好的睡眠习惯，必须靠吃奶、轻摇或者要妈妈抱着才能入睡。如果发生这样的情况，宝宝就需要进行一些睡眠训练。

在《婴幼儿睡眠宝典》一书中，我曾强调，只有在父母绝对确信他们的宝宝不是饿醒的时候，并且在他们的确无计可施的前提下，才可以开始运用这些睡眠训练法。我也建议，在开始睡眠训练之前，你应该带宝宝去看一下医生，以确保他没有什么疾病。

我的作息法的全部目的就在于，从一开始就确保宝宝的需求被满足，从而使他们不再需要哭泣更长时间。我所提及的指导原则，也是为了让母亲了解宝宝哭泣的不同原因。如果从一出生，宝宝就开始遵循一种作息规范，母亲就会很快地了解他的需求，从而预料到他的需求。而且以我的经验，如果能坚持这样做，宝宝通常都不容易哭闹，即使哭闹，也不会超过 10 分钟。

问：我读到了你书中的作息规范，上面说一旦宝宝满 3 个月之后，就不应该在半夜给他喂奶了。但是，每个宝宝的情况都是不同的。如果宝宝确实很饿，也不能给他喂奶吗？

答：有一些宝宝，特别是母乳喂养的宝宝，在满 6 个月前，可能需要半夜吃一次奶。我亲自护理的大多数宝宝，在两三个月大的时候，都可以从晚上最后一次吃完奶，睡到第二天早上六七点。

而且，根据读者反馈的大量信息，我也发现，这个时间似乎就是宝宝形成作息规范的平均月龄。在这个月龄段，大多数宝宝都可以拥有较长时间的睡眠。但很显然，每个宝宝都是独立的个体，每个宝宝的具体情况都不一样。如果你的宝宝 7 个月大了，还是不能一觉睡到天亮，也不能算我们失败，或者宝宝失败了。我的作息规范是为了帮助你着手合理安排宝宝的时间，当宝宝准备就绪，你的坚持总能收获成效。而且从很大程度上来说，宝宝能否一觉睡到天亮，取决于他的体重，以及他白天每次进食所摄入的奶水量。

有些宝宝，白天每次进食都吃得很少，所以，比起那些白天每次都吃奶很多的宝宝，他们需要在晚上花更多时间吃奶。我的作息法并不是为了尽快迫使宝宝一觉睡到天亮，或者在他真正饿的时候不给他喂奶，而是为了确保宝宝在白天摄入大部分身体所需的营养，并且在身心条件允许的情况下，自然而然地一觉睡到天亮。

事实上，我所得到的反馈，加上多年的护理经验，都证明我的作息法是有效的。

问：我身边有一位妈妈，她告诉我，因为遵循着你的作息规范，她感到非常孤单和压抑，因为这种作息规范让她没有时间外出，也没有时间与好友约会。

答：事实上，我一直都在强调，让宝宝适应一种作息规范，对父母的要求是非常苛刻的，尤其是在宝宝刚出生的那几周，妈妈们的社交活动肯定会受到一定的影响。但是一旦宝宝适应了这种作息规范，形成了相应的规律，你就有能力让这种作息更好地与你的生活相适应。

在多年的工作当中，我曾接触过很多家长，印象中没有哪一位母亲在下午2：00—5：00之间会没有时间见朋友，或者在早上会没时间喝咖啡。虽然最初的几周确实很劳累，但她们最终都认为，自己的付出是值得的，因为她们的宝宝睡眠质量普遍较高，白天也有更多清醒的时间，能够愉快地参与集体活动。对于这些母亲而言，如果她们晚上的睡眠质量很高，白天也会神清气爽。

而且我常常会建议妈妈们，在宝宝刚出生的那些日子里，尽量每隔一天就邀请一位朋友来家里做客，这样就不会感到孤单或者失落。我也总在强调，每天带宝宝出去呼吸一下新鲜空气很重要。你可以和朋友结伴同行，在公园里聊聊天，通过这样的方式，你也可以时常见到其他妈妈。

问：在你的作息规范当中，你告诉妈妈们什么时候该吃饭、什么时候该喝水。这种严格的作息规定，严重干扰了我的时间。

答：亲爱的，听我说，无论什么时候，你都可以吃东西喝东西！我知道，很多使用我的作息规范的人，每天只是端起书看几眼而已。她们没有领会到，书中所建议的早餐、午餐和饮水时间其实都是某种暗示，告诉你不要忽略了自己。尽管这些建议都是为了宝宝而设置的，但最终的目的还是让你更好地照顾自己。

在宝宝刚出生的那些日子里，妈妈们经常精疲力竭，总是最后才考虑到自己，即便是吃饭、喝水这些最基本的需求，也不能及时满足自己。很多妈妈一个人照顾新生儿，经常忙乱到没有时间给自己做饭，只能用一块烤面包或者一杯茶，就把自己的晚餐打发过去。但如果你是母乳妈妈，这样万万不行。母乳的充足分泌需要母亲摄入足够的食物和水，同时维持自身的精力。

问：为什么你的作息规范如此严格？到处都是"1个小时""30分钟"之类的字眼，难道它们真的有那么重要吗？

答：宝宝刚出生的第1年，睡眠和进餐需求始终在不断地变化。为了适应这种变化，作息规范的调整也应该缓慢而稳步地推进。我的作息规范的确很具体，但它们都是根植于宝宝的自然生理节律，对宝宝的健康成长有很大的帮助。一旦宝宝开始每天晚上睡到12个小时，并且睡眠质量很高，你就会很欣慰。

但有一点需要强调，不是每个宝宝都必须非常严格地坚持这些规范，你可以根据宝宝的实际情况，做出适当的调整。我之所以一直用到"30分钟"这类字眼，是因为这"30分钟"会产生一系列连锁反应，这些反应会影响宝宝白天其他的时间，或者影响他晚上的活动。

举个例子，如果宝宝的一天是从早上8：00，而不是从早上7：00开始，你就会发现，宝宝午觉的时间会推后到下午1：00左右；如果他一直睡到下午3:00以后还没有醒，你会发现，他到了晚上7:00还不困，也很难入睡；如果他每天最后一次吃奶是在晚上8点钟左右，你会发现，晚上10:00那一餐宝宝几乎不肯吃奶，并且会在夜里频繁醒来。这种偶然的现象当然不是世界末日，但是经过一段时期，随着宝宝每天营养需求的改变，你会发现，他会继续晚上醒来，让你疲于应对。

问：我坚持了 4 个星期，一直尽力遵循你的作息规范，但是我的宝宝还是没有适应过来。我觉得自己很失败，现在很迷茫，不知道应不应该放弃这种作息规范，让他自己想吃就吃想睡就睡？

答：我知道，在宝宝刚出生那段时间，如果严格遵照我的作息规范来安排每天的时间，一定会非常辛苦。相比而言，让宝宝想吃就吃，想睡就睡，一切由着他去，会轻松很多。

但有一点你必须牢记，对于正在产后恢复期，还需要照顾一个新生宝宝的你而言，无论是否采用我的作息规范，这都是一项非常艰苦的任务。而我的作息法能把这种艰苦的过程控制在尽可能短的时间内。你可以想象一下，如果 9 个月之后，你的宝宝依然每天夜醒，那是一件多么令人崩溃的事。

然而，不是每种方法都能取得立竿见影的效果。我只能向你保证，如果在宝宝刚出生的最初几周，你能够坚持我的作息规范，那么之后很长一段时期，你和宝宝都能愉快地度过。你最终会明白，自己的坚持是值得的。这种作息规范会引导你和宝宝进入一种符合他的自然节律的状态。如果宝宝没能适应这种作息规范，也不能证明你的失败。只要你一直坚持下去，成功的一天终会到来。

你可以试着在每天早上 7：00 开始一天的生活，尽力去遵循白天的作息规范，但是如果在一天的某个时段，宝宝本该睡觉却一直非常清醒，或者本该用餐，却什么也不想吃，你也不必过于焦虑。只要你能每天坚持按照作息规范来安排宝宝的进食和睡觉，相信他很快就会重新适应这种作息模式。

如果还没有到我所建议的用餐时间，宝宝就哭着要吃东西，你应该分散他的注意力，或者和他玩一会儿，当然，在那之后必须给他喂奶。如果到了游戏时间，你确实叫不醒他，就让他多睡一会儿，而不要弄得你们俩都痛苦不堪。不管头一天你们的作息出现了哪些差错，第二天早上起床之后，你都应该继续尝试正确的作息。我很赞赏那些在这一时期内独自一人照顾宝宝，而没有奶奶或育儿保姆帮助的母亲。这是一项非常艰苦的工作。在经历这些事情的时候，你不是孤单的，当然你也许会失败，但情况很快就会好转。

问：为什么每天在给宝宝最后一次喂奶的时候，要严格避免和他有眼神接触？我觉得这样很残忍，剥夺了宝宝与母亲拥抱和亲密。

答：请不要吝啬对宝宝的拥抱！我没有在任何时候建议你不去拥抱宝宝。相反，在他活蹦乱跳并且被安顿下来之后，紧紧地抱着他，给他喂母乳或奶粉，可以让宝宝吃得更好，并且睡个好觉。我之所以建议在晚上最后一次喂奶的时候避免眼神接触，是为了让你温和地告诉宝宝，现在不是游戏时间。你可能会把他抱得很紧，但是在他已经放松下来的时候，给他施加过度的刺激，会导致宝宝过度疲劳。

宝宝的身心发育需要一定的睡眠。如果不能保证一定的睡眠时间，宝宝会变得紧张、易怒，也容易伤心。在宝宝清醒的时候，最好陪他一起玩耍，给他唱歌，看有趣的玩具和绘本，这样宝宝可以快乐成长。拥抱应该是宝宝的需求，而不是你的需求。

问：你的作息规范太严格了，什么时候我才能快快乐乐地带着我的宝宝，而不用担心他下一步要做什么？

答：我非常真诚地希望，每个宝宝都能从出院第一天开始，就和爸爸妈妈愉快地生活在一起，度过婴儿时期、学步期以及更多的时光。我也希望你每天都可以拥抱宝宝，和他一起玩耍，一起唱歌，一起阅读，一起在浴缸里玩水。在换尿不湿的时候还可以挠挠他的脚丫，和他逗玩。但是，很明显，这些画面几乎是想象。

我的作息规范是为了帮助你合理地安排每天的时间，养育一个快乐健康的宝宝。它可以帮助你避免一些长期的问题，比如：由于过度刺激而引起过度疲惫；不好的睡眠习惯，比如一定要抱着、轻摇，或者到处溜达他才能入睡；或者他晚上总是醒来，让你早上疲惫不堪。如果出现这些问题当中的任何一个，你都可以在稍后的章节中找到解决方案。

但我的作息法并不是放之四海而皆准的。如果你觉得有压力，随时都可以停止尝试。我知道，很多时候，母子亲情的建立需要很长的时间。并且，对于那些没有人帮忙，只能自己一个人照顾宝宝的妈妈而言，那种感觉可以说是五味杂陈，既有喜悦和对宝宝的宠爱，也有全然的疲惫、失败感和沮丧感。她们煎熬在一个个不眠之夜里，因为不能尽享天伦之乐而感到内疚和怨恨。没完没了地起夜给宝宝喂奶，阻隔了她们和宝宝之间的亲情，也让本应有的快乐消失得无影无踪，取而代之的是无尽的疲累。

无论如何，希望你们知道，我的作息规范是用来帮助你们的，而不是为了给你们添加压力、焦虑和空虚感。正确看待这些作息规范，将会对你有很大帮助。

4

第1年母乳喂养

*The New Contented
Little Baby Book*

在宝宝 0 ~ 1 岁的阶段，母乳喂养非常关键，它不仅奠定了宝宝未来健康的基础，也极大地影响着他们的睡眠质量。毋庸置疑，母乳是最天然，也最适合宝宝的喂养品。很多专家甚至以母乳喂养为专题，写了整本书畅谈母乳对母亲和婴儿的好处。而以我多年的护理经验，可以很骄傲地告诉大家，在我接触的大多数家庭中，妈妈们几乎都成功地进行着母乳喂养，并且很多妈妈一喂就是一年，甚至更长时间。当然，也有些妈妈只坚持了数周的母乳喂养，还有一些出于种种个人原因，从一开始就没有选择母乳。

无论如何，我希望这本书可以帮助你成功实现母乳喂养，哪怕母乳喂养对你没有任何吸引力，我也希望你至少试一试。不管在什么情况下，我觉得做母亲的，在宝宝出生不到一年的任何时候放弃母乳，都是非常可惜的。然而，我也知道，很多妈妈之所以放弃母乳，原因无外乎以下几点：

★ 按需喂养让她们筋疲力尽。

★ 感觉自己奶水不够。

★ 乳头因为喂奶而皲裂、疼痛。

★ 认为自己的母乳无法满足宝宝，因而中断哺乳。

★ 因为每次都得喂很久，很累，常常觉得整个晚上都在不断地喂奶。

★ 妈妈们不喜欢喂母乳的感觉，并且害怕喂奶。

不论你是出于什么原因，放弃了母乳或者从一开始就没有选择母乳都没有关系，我仍然可以为你提供很多奶粉喂养方面的建议。**这本书的宗旨以及书中的建议，就是为了给新手爸妈们更多的协助和支持，特别是初为人母的妈妈们。**我知道，在宝宝初来乍到的这段日子，为了让他们的人生有一个最棒的开始，妈妈背负了非常大的压力。但是如果你真的那么不喜欢喂母乳的话，那也不必一再勉强自己。

套用育儿专家潘妮洛普·里奇的一句话："喂宝宝吃奶只是养育过程的一部分。"过去这些年，我照看过成百个新生儿妈妈，几乎可以向那些讨厌喂母乳的妈妈们保证，**如果你决定奶粉喂养，那就这么去做吧**。你的宝宝绝对不会像母乳专家所说的，产生心理或生理方面的困扰。事实是，如果配方奶粉真的不是一种很好的母乳替代品的话，那么很多年前它们就被卫生部门禁止了。所以，如果你已经放弃了母乳，或者因为个人原因不能选择母乳喂养，那就按你的决定去做吧，不要因为那些不赞同你做法的人而感到愧疚。

有人会说，不吃母乳的宝宝和妈妈的感情不会那么亲密，像这类评论你就自动屏蔽吧。从我个人的经验来讲，我的妈妈大概只喂了我10天的母乳，但我和她之间的母女情却比什么感情都来得牢靠。相反，我有个朋友，她们的妈妈整整喂了她们两年的母乳，而现在她们却连见都不想见妈妈。

所以，如果你真的很不喜欢喂母乳，那就别管身边人的评价。喂奶过程中最重要的就是你和宝宝都保持愉悦的心情，但如果你不喜欢喂奶，是不可能有快乐可言的。全世界每年有千千万万个新生儿生下来就用奶瓶喂养，他们一样健康长大。而你作为妈妈，真正需要做的是好好掌握奶瓶喂养的技巧，享受你和宝宝的喂奶时光。

不过，有件事我必须强调，很多好心的七大姑八大姨或是育儿嫂会告诉你，奶瓶喂养的宝宝更好带，但在我的经验中，这是不可信的。事实上，不管你的宝宝是母乳喂养还是奶瓶喂养，妈妈们都需要很用心地带他们建立起一套好的作息，所以，不要因为别人建议的"奶瓶喂养的孩子会更好带"而放弃母乳。实际上，它们之间唯一的区别是，奶瓶喂养可以让旁人代劳，而母乳喂养则完全是妈妈们一个人的责任。对于想要坚持母乳喂养的妈妈们，我希望这本书可以让你们成功实现母乳喂养，并建立一种规范的作息，还可以让爸爸们参与到喂养任务中，用你挤出来的母乳给宝宝喂奶。

为了建立母乳宝宝的作息，我试过很多方法，最后总结出了一套自己的心得，而它已经经过很多家庭的印证，确实是最有效、最容易施行的作息方法。很多妈妈们都说，在用过这套方法两周之后，宝宝的吃睡作息明显呈现出了非常规律的周期，宝宝不但体重稳定地增加，而且最重要的，他们都非常快乐满足。

但在进一步阐述为什么我的方法一定会成功之前，我还需要简单探讨一下这些年里我试验过的其他方法。希望通过这些对比，可以让你们对我的观点有一个更深入的了解，而且明白为什么我会说它们对很多新手爸妈和宝宝是大有益处的。

严格的4小时喂奶模式

这种模式起源于几十年前，医院待产完全代替了产婆。那时候，产妇生产完大概需要留院 10 ~ 14 天。而这些天里，宝宝们每隔 4 个小时，就会被从婴儿室抱到母亲处喂奶，喂奶的时间也被严格控制在每一侧乳房 10 ~ 15 分钟，喂完之后，宝宝们又被带回到婴儿室。如果哪个宝宝接下来没有挨到 4 小时就饿了，护理人员就会告诉这个宝宝的妈妈，她的奶水太少，必须加奶粉。

"我觉得我一出了院，奶水就好像干掉了一样。"我听过很多这样的说法。但说实话，如果这些人每个人给我一元钱，那我现在就已经是百万富翁了，由此可见她们的人数之众。但其实，真正的原因是，这些妈妈在医院时就受限于一成不变的作息，并且她们喂奶的时间非常短暂，宝宝吸得少，奶水的分泌也就大大减少，这样经过一段时间之后，当她们出院时，奶水自然就像干了一样。而婴儿喝奶粉在那个年代风气盛行，那时候的很多产妇，甚至都没有让新生儿喝到任何母乳就直接喂奶粉了，并且这股风一直持续到20世纪80年代。然后，才开始有愈来愈多的研究发现，母乳其实更宝贵更有价值，对宝宝好处多多，于是母乳喂养又重回流行。

虽然这样的喂养方式更多的是我们母亲辈或祖母辈在采用，但是即使在今天也依然有很多父母相信宝宝可以适应这种方式，而我的确也接触过这样的家庭。不得不说，这种方式对有些宝宝来说确实是很成功的，特别是那些使用配方奶粉的宝宝。

但对于大多数宝宝，要确立这样一种喂养方式，严格地按照4小时一喂，每一侧乳房10 ~ 15分钟的话，是完全行不通的。而他们的母亲还可能因此怀疑自己不能分泌足够的乳汁，很早就被迫开始用配方奶粉给宝宝加餐。这种模式失败的主要原因如下：

★ 在开始喂奶的初期，一天只喂宝宝6次母乳，不足以刺激母乳分泌。

★ 宝宝刚出生时必须少吃多餐，一天吃6次对他可能不太够。

★ 通常一周至一个半月大的宝宝，必须吸母乳至少30分钟才能吸到后乳。后乳的脂肪含量至少是前奶的3倍，所以一定要吸到，宝宝才不会饥饿。

按需喂养

这是目前很多人大力主张的喂养方式，什么都由宝宝来决定，饿了就喂，饿了就吃，两餐间隔多长，或是宝宝吃多长时间，这些都由宝宝决定。

可以肯定的一点是，这么做宝宝的确能吸收到足够的养分，永远不会饿，即便他们一次把奶水吸光了，妈妈们的身体也会很快发出信号，再次分泌奶水。当这些妈妈出院后，她们的宝宝可能一天可以吃到10～12次奶。医院的护理人员会告诉这些妈妈，一开始吃这么多次是正常的，等宝宝再长一长，两餐的间隔就会拉长。

而在我看来，虽然我完全同意在哺乳初期，应该尽可能多且密集地哺乳，以刺激奶水分泌，但却完全不认同很多人建议的，一次喂奶不管喂多久都没关系。事实上，一些天生喜欢吸吮的宝宝，可能一吸上乳头就是好几个小时，而新手妈妈们没有经验任由宝宝吃，可能才一开始喂奶，乳头就已经又肿又痛了。如此反复，很多妈妈兴许喂不到一周的母乳，就会害怕喂奶了。

经常有妈妈向我哭诉："我现在看见宝宝张嘴都手心冒汗，每天疼得死去活来，感觉快要抑郁。"她们害怕的事情大抵相同：长时间的喂奶导致筋疲力竭，乳头变得敏感又疼痛；更糟的是，有些妈妈的乳头甚至皲裂、流血。而我作为一名育婴师，虽然知道这些问题大都是哺乳姿势不当引起的，也可以一次次地教给新手妈妈们什么才是正确的姿势，但如果她们本身已经很疲惫了，是不可能在哺乳的时候专心矫正宝宝的姿势的。当然，与此同时，医院的护理人员还会告诉你们，一定要好好休息，好好吃饭。但问题是，如果一直由宝宝来决定何时喂奶，饿了就吃，饿了就喂，妈妈们如何才能好好休息？到最后，妈妈只会变得无比沮丧，觉得自己什么都做不好。

并且，在我这么多年的护理经历当中，遇见过一个非常显著的问题：很多新生儿根本不会主动要求吃奶。这种情况大多发生在出生体重很轻的宝宝或者双胞胎身上。这也是我反对"饿了就吃"的主要原因。如果你有过这样的经历：坐在床边，看着出生才几天的婴儿因为没有吃够奶而严重脱水，在那里痛苦地挣扎，你就会和我有同样的感觉。脱水是发生在新生儿当中的一个非常严重的问题，现在很多新生儿父母都已经意识到了这一点。

而我发现的第二个经常发生的问题是，这种饿了就吃的方式，到最后宝宝都会吃到睡着。这样感觉上来看，宝宝们好像被照顾得很好，当妈妈的也很有安全感，认为她们的宝宝非常省心，吃得好，睡得也好，有的宝宝两餐之间甚至可以间隔五六个钟头。这种情况在宝宝刚出生的一周，是没有任何问题的，妈妈的奶水也完全可以满足宝宝的需求。但是当宝宝大约十天大的时候，问题就出现了。你的宝宝好像一夜之间胃口大增，怎么喂都吃不饱。妈妈们没有办法，只能采用少量多餐的方式来喂宝宝，以刺激乳汁的分泌。这在我看来，无疑是走回头路。事实上，从宝宝刚生下来的第一天起，妈妈们就应该少量多餐地喂养宝宝，这样才能从一开始就刺激奶水分泌。而按需哺乳、饿了就喂的方式并没有在一开始，就抓住刺激奶水分泌的最佳时机。"饿了就喂"的原意是确保宝宝不会感到饥饿，却忽视了妈妈应该每隔三四小时，就把这些爱睡觉的宝宝叫醒吃奶。如果有需要的话，妈妈们甚至应该一天挤两三次奶，为接下来宝宝的食量增加做准备。

最后还有一个原因可以证实"饿了就吃"的方式不够审慎，那就是，这意味着，对妈妈们而言，一个晚上喂好几次奶都是正常的。身边的人也会告诉妈妈们，这些现象是正常的，宝宝们最终会改掉这种吃奶习惯。但是没有人告诉这些妈妈，她们可能得花上好几个月来调整这种喂奶频率。很多妈妈们找到我时，我都发现，她们的宝宝一个晚上要喂好多次。我试着白天把这些宝宝叫起来吃奶，但他们常常因为晚上吃太多，导致白天吃奶的时间很短，奶量也很少。如此恶性循环：宝宝们晚上得喂很多次奶，才能满足每天的营养需求。因为每天晚上要夜醒很多次，白天又得不到足够的休息，妈妈们变得筋疲力尽。这种疲劳状态直接导致以下问题：

★ 很多人只要宝宝一哭就喂，忽略了宝宝哭闹可能是因为其他问题导致的，例如过度逗弄他或太累等。

★ 宝宝若是刚生下来，就每天吃 10 ~ 12 次，他很快就会因为缺乏睡眠而变得很疲倦。

★ 重度疲劳和压力会使母乳分泌减少，增加宝宝少吃多餐的需要。

★ 疲劳使妈妈们无法专心在喂奶时，维持正确的姿势。

★ 姿势不良导致乳头疼痛、皲裂，甚至流血。

★ 新生儿边睡边吃，会使两餐之间的间隔变长，从而影响妈妈的奶水分泌。

当然，必须强调的一点是：**所有的宝宝饿了的时候都应该喂奶；不应该在宝宝哭着要吃奶，或者在他饥饿的时候，还严格地遵守着一个时间表。**

但根据这么多年的一线护理经验，我发现，大部分按需喂养的宝宝，在数月之后，都没能自然地养成健康的睡眠习惯。很多宝宝夜里依然会醒来好多次，每次都要吃一点奶才能睡着。这就导致了其他一系列睡眠问题，他们会觉得，如果不吃奶就睡不着觉。

如果你是新生儿或是稍大一点宝宝的父母，在没有理解相关内容之前，我建议你暂勿尝试我所给出的这种作息规范。因为这种作息规范不同于老式的 4 小时作息规范，也不是你在书上读到这个作息规范，按图索骥地让宝宝遵循我建议的时间表来进食和睡觉就可以了那么简单。事实上，**每一套进食和睡觉时间，只是对于宝宝月龄阶段的大概指导，而不是古板的条条框框。你应该理解这些作息规范背后所蕴含的基本原理，然后稍做调整，以满足宝宝的个性需求。**

我所主张的喂养法

我始终认为，成功实现母乳的关键，在于一个正确的开始。相信在待产前的很长一段时间，你已经将"早哺乳早下奶""少吃多餐"等讯息熟稔于心，知道尽可能多地刺激乳腺可以促进乳汁分泌。对于这一点，我是完全赞同的。但是如果你仅仅做到让宝宝少食多餐，而没有做到正确哺乳，是不可能保证乳汁良好分泌的。

事实上，我在这么多年护理妈妈和宝宝的过程中，首先遇到的一个突出问题就是，很多妈妈并没有采用正确的哺乳姿势。尽管她们打从心底里认定要给宝宝母乳喂养，但是当她们真正这么去做的时候，却发现这一点都不轻松。

在医院里，医生和护士会指导妈妈们如何正确哺乳。她们会把宝宝抱到妈妈的怀里，帮助妈妈们调整哺乳姿势，让宝宝衔住乳头。对于一些宝宝，他们很容易就衔住了妈妈的乳头，吸入奶水，然后轻松地睡着，一直撑到下一次吃奶的时候。而对于另一些宝宝，这个过程就显得忙乱又烦躁。有的宝宝根本不愿意吃奶或是排斥乳头，这在新生儿当中属于比较常见的问题。一般情况下，产后 72 小时后妈妈们就要离院，而这时，她们有的可能还没掌握最基本的喂奶技巧就直接回家了。但这些技巧，对成功进行母乳喂养却起着十分关键的作用。

通常，我作为一名专业护理员，去到这样的家庭，总能看到宝妈们因为乳头受伤而流血，甚至更严重，以致每次把宝宝抱去喂奶时，她们都疼得直掉眼泪。这样的经历，无论是从妈妈的角度还是宝宝的角度来看，都不是一个好的亲子关系的开始。妈妈们一边承受着身体上巨大的疼痛，一边又要质疑自己不是一个足够好的妈妈。宝宝们则因为没吃饱或没吃好，情绪变得急躁、压抑，经常哭泣。这所有的问题，以及其他与母乳喂养有关的问题，如果产后第一时间就给妈妈们更多的关注和帮助，都是可以避免的。

因此，我强烈建议妈妈们出院以后尽可能去咨询一些有经验的哺乳顾问，从他们那里寻求专业的帮助。现在有很多社会性组织专注于给哺乳期妈妈提供指导，帮助妈妈们掌握正确的哺乳姿势。如果有需要，他们会在你们产后一段时间，多次上门协助你们解决可能遇到的问题。

除此之外，我建议妈妈们可以多看一些视频，尤其是英国首屈一指的哺乳顾问——克莱尔·贝雅姆·库克的作品。她编写过两本母乳喂养方面的书籍，录制的视频中也有手把手的指导，教你如何处理母乳喂养的相关问题。

而对于我所帮助的这些妈妈，我一般会建议她们从宝宝出生第一天开始，就每隔3个小时喂一次奶，每一侧乳房喂5分钟，然后慢慢地将喂奶的时间每天逐渐延长几分钟，一直到奶水大量分泌为止。这里所说的3小时，是从你上一次喂奶开始，到这一次喂奶之间间隔3个小时。

照这样去做，大概产后3～5天，你的奶水就会增加，这时你应该把喂奶的时间延长到15～20分钟。有的宝宝可能吃一边就饱了，再过3小时他才会觉得饿，而有的宝宝可能不到3个小时又想吃奶，遇到这样的情况，每次喂奶你就得让宝宝两边都吸。无论如何，你一定要记住一点，在让宝宝喝另一边的奶水之前，你要确保第一边的奶水已经被宝宝吸空了。一定不要一边只喝一点，就让宝宝换另一边，从我的经验来看，过早地把宝宝从一侧乳房换到另一侧，正是造成宝宝永远也吃不饱的主因，这种状况还会造成肠绞痛。

正确的哺乳姿势

一个边吃边睡的宝宝，可能得花上20～25分钟，才能吃到非常重要的后奶（后奶的脂肪含量要比前奶高3倍）。同样，吸完一侧乳房中的乳汁也至少需要这么长的时间。当然，也有些宝宝是例外，他们可能很快就吃到了后奶。所以，究竟要给宝宝喂多长时间才合适，还是由你们的宝宝自己来决定。如果在我建议的时间之内宝宝吃饱了，也不闹，尿量正常，那么很显然他已经吃够了。

在宝宝刚出生的头几天，从早上6：00到夜里12：00，每3个小时你都需要把宝宝叫醒一次，短短地喂一次奶。对喂母乳来说，这是个最好的开始，因为这可以保证在你有奶水的时候，能不失时机地给宝宝喂奶。每3个小时喂一次奶，也可以让乳汁更快地分泌。如果宝宝白天吃得足够多，那么夜里的两次喂奶之间，宝宝就可以睡更长时间。这也可以避免妈妈们太累，进而对母乳喂养产生排斥。

不夸张地说，所有我照顾过的妈妈，她们在医院时就已经开始每3小时喂一次奶，然后在一周的时间里她们就发现，宝宝吃奶的规律已经形成，之后她们很轻易就可以用我的方法来训练宝宝的作息。这套方法不仅可以帮助你更好地分泌奶水，也能让你了解宝宝的很多不同需求，比如饿了、累了、无聊了或是太过兴奋，等等。

至于我的母乳喂养方法为什么如此成功，主要原因如下：

★ 在宝宝刚出生的头几天，每3小时一次少量的喂奶，可以让乳头逐渐适应宝宝的吮吸动作，避免乳头疼痛，甚至皲裂流血。这种做法也可以在你胀奶时，缓解乳房疼痛。

★ 少吃多餐的喂奶方式可以避免宝宝因为太饿而一次吸太久，而如果4小时喂一次，很容易发生这样的情况。

★ 新生儿的胃容量很小，他们的营养需求只能通过少吃多餐来解决。如果你在早上6：00到夜里12：00之间每3个小时就喂奶一次，"整夜喂奶综合征"就绝对不应该发生。

★ 如果遵循我的建议，即便非常小的宝宝也能一天至少拉长一次两餐之间喂奶的时间。而我的建议也能确保这种较长的时段是发生在晚上，而不是白天。

★ 成功的母乳喂养只有在妈妈处于完全放松并且心情舒畅的前提下才能达成。如果刚生完宝宝，你就因为整夜不停地喂奶而变得筋疲力尽，这个目的是不可能达到的。

★ 新生儿不懂得分辨白天和黑夜。但是如果你从早7：00到晚7：00之间，两次喂奶之间都不让他睡太长时间，逗他玩，并且喂奶的次数比晚上多，久了宝宝就会了解白天和黑夜的区别。

母乳的分泌

我非常相信，让更多的妈妈们成功实现母乳喂养的方法，就是在宝宝出生的头一段日子，给妈妈们尽可能多的协助。尽管母乳喂养对大多数妈妈而言是自然而然的事情，但还是有很多妈妈并不能从一开始就适应。当我们在给这些妈妈提出建议的时候，一定要把这些因素考虑在内。

下面我将概括地阐述一下母乳的产生过程以及乳汁的成分，这会帮助你更好地理解我的作息规范对于母乳喂养的促进作用。

奶潮（泌乳反射）

从怀孕开始，你的身体就会分泌激素，使你的胸部产生一些变化，这是身体在为未来分泌乳汁做准备。当宝宝出生后，护理人员把宝宝抱到你的胸前让你喂奶时，你的脑下垂体分泌的一种催产素，就会给乳房发送一个奶潮（泌乳反射）的信号。乳腺周围的肌肉接收到这个信号，当宝宝吸吮时，乳汁就会顺着 15 ～ 20 条乳腺管流出来。很多妈妈在奶潮来的时候都会感到轻微的疼痛感，当乳汁流出来，她们的子宫也会收缩。

但这种收缩的感觉，在一两周后通常都会消失。这之后，当妈妈们听到宝宝哭，或者宝宝不在身边，而妈妈们正好想他们的时候，也会感觉奶潮突然出现。但是如果妈妈们处于非常紧张或压抑的状态下，她们的乳汁分泌就会大大减少，甚至感觉不到奶潮。

因此，母乳喂养成功的关键就在于，妈妈们要保持平静放松的心态。想达到这样的目标，事先就得做好哺乳的所有准备工作。首先坐姿要舒适，背要能够挺直，确保抱着宝宝的时候有足够的支撑，哺乳姿势也要恰当。不正确的哺乳姿势会影响催产素的分泌，进而影响到泌乳反射。

乳汁的成分

通常，我们将乳房最开始分泌的乳汁称作初乳。初乳的蛋白质和维生素含量，相比 3 ～ 5 天后分泌的乳汁含量要高，但碳水化合物和脂肪的含量却很低。初乳中含有一些母亲的抗体，可以帮助宝宝在最初的日子里抵抗病毒的感染。

和之后出现的成熟乳相比，初乳更浓稠且黄。宝宝出生后的 2 ～ 3 天，母乳会混合着初乳开始分泌。大约在 3 ～ 5 天之间的某个时刻，你会感觉到涨奶，这时你的胸部会非常坚硬、敏感，可能稍微触碰一下就很疼。不要担心，这是成熟乳即将分泌的前兆。之所以会感觉疼痛，不仅是因为奶水满涨造成的，还有很大一部分原因是乳腺胀大和充血引起的。

当你奶水开始分泌的时候，一定要少量多餐地喂宝宝，这不但可以更好地刺激奶水分泌，还可以缓解乳房肿胀带来的疼痛。一开始，你的宝宝可能无法正确地含到乳头，所以以防万一，你可以在喂奶之前先挤出来一些。挤奶的时候，可以把毛巾放温水里润湿，然后拧干敷在乳房上，再用手轻轻地把奶水排出来。

成熟乳看起来就与初乳截然不同，它更稀一些，稍微带一点青色。在喂奶过程中，成熟乳的成分也会产生变化。一开始，宝宝吃到的是前奶，前奶乳汁量大但脂肪含量很低；到后面，宝宝吸吮的速度开始变慢，吸着吸着还会停下来缓缓，这就表示他已经吃到"后奶"了。后奶虽然量少，但脂肪含量高，可以让宝宝有饱足感，能更长时间地抵御饥饿。但后奶之所以是后奶，就意味着宝宝一定要吸足够长的时间，才能真正吸到这一部分的奶水。如果一边还没吃完就换到另一边，就会让宝宝摄入两份前奶，前奶不管饱，很快宝宝就又觉得饿了。同时，喝两份前奶还容易让宝宝肠绞痛。但是的确有宝宝只吃一边乳房吃不饱，所以妈妈应该做的事，就是在换到另一边之前，先确保宝宝已经把第一边的乳房吸空。

我发现，在出生后的第一周，如果让宝宝一边吸 25 分钟，再换到另一边吸 5 ～ 15 分钟，那他们喝到的奶量就足够，就算过三四个小时再喂都没关系。不过有一点需要注意，如果你每次喂奶都要两边喂的话，那一定要记住用从上一次最后喂奶的那一边来接着给他喂，这样就可以确保每次喂奶两边的奶水都能被吸空。

宝宝出生后，为了不错过乳汁分泌的最佳时机，并且确保宝宝前奶和后奶都有吸到，妈妈们应该想办法做到以下事项：

★ 两次喂奶之间，妈妈们要尽可能多地休息，并且妈妈们自己的两餐不要间隔太长，中间可以吃一些有营养的小点心。

★ 喂奶之前准备好所有必需物品：一把有扶手、可以让你把背挺直的椅子，如果有个垫脚凳和靠垫会更好，可以用来支撑你和宝宝。准备一杯水，听一首舒缓的音乐，让自己放松下来，告诉自己，好好地享受和宝宝这样亲密的时光。

★ 很重要的一点，给自己充足的时间来调整哺乳姿势。如果姿势不当，很容易就会导致乳头疼痛、皲裂，甚至流血。这反过来又会影响乳汁的分泌，从而影响哺乳质量。

★ 在把宝宝换到另一边乳房下面吃奶之前，要确保他已经吃完第一侧乳房中的奶水。因为只有让宝宝吃到最后的后奶，才能更长时间地抵御饥饿。后奶量虽少，但是脂肪含量很高。

★ 宝宝刚出生的头几天，不见得都需要喂两边。你可以先给宝宝喂一边，喂完了给他拍拍嗝，换换尿片，再让他开始吃另一边。如果他还没吃饱，就会继续吃；如果饱了，那下次喂奶就从另一边开始喂。

★ 如果宝宝吃完一边奶后，还要吃另一边，那么下一次喂奶的时候，你还是要从另一边开始喂。这样做是为了确保另一边的奶至少在第二次喂食的时候被完全吸完。

★ 一旦感觉奶水充沛，你就要把宝宝的进食时间拉长。记住很重要的一点，宝宝只有吃到足够长的时间，才能完全吃空乳房中的奶水，吃到身体所需的后奶。有些宝宝需要半个小时才能完全吃完一侧乳房。你可以用拇指和食指轻轻地挤压乳头，看看还有没有没吸完的奶水。

★ 绝对，绝对不要让宝宝继续吸吮没有奶水的乳房，这只会加剧你的乳头疼痛、皲裂，甚至流血。

关于挤奶问题

我相信，在宝宝刚出生的头几天，能不能成功实现母乳喂养，很大程度上取决于妈妈们有没有坚持吸奶。事实上，我照顾过的绝大多数妈妈之所以能够成功实现母乳喂养，一个很重要的原因就是，我常常建议她们使用电动吸奶器吸奶。

道理很简单，乳汁分泌基于供需机制。新生儿阶段的宝宝，大多数吃完一边的奶就饱了，也有的宝宝可能还要再吃上一点另一边的奶才会饱，很少有宝宝能把两边的奶都吃空。这种情况大概持续 2 ~ 3 周，妈妈们的奶水分泌量也会逐渐跟宝宝的需求达成平衡。

但到了第 3 周，也可能是第 3 ~ 4 周之间，宝宝们开始进入猛长期，妈妈们会发现，刚刚供需平衡的奶水好像一下子就不够吃了。这时候为了满足宝宝的营养所需，妈妈们可能要重新回到两三小时喂一次奶的模式，并且常常要夜起 2 ~ 3 回。每一次宝宝进入猛长期，妈妈们都要重复这种喂养模式。这种做法通常造成的结果是，只要宝宝还没有睡觉，就会不停地吃奶，还会让宝宝形成不好的睡眠习惯，让他更难重新回归作息规范。

但是，对于那些从宝宝刚出生开始，就有习惯把多余的奶水挤出来的妈妈来说，她们的乳汁分泌量通常都会超出宝宝的需求量。这样即便宝宝进入猛长期，她们也只需在早上少许地挤一点奶，就足以满足宝宝日益增长的食量。

最关键的一点是，尽早开始挤奶，也能避免乳汁分泌不足的情况发生。当然，倘若你的宝宝已经满 1 个月了，而你又面临乳汁分泌不足的问题，那么你可以参照我后面的追奶计划追追奶，通常 6 天之内，你的奶量就会明显大增。但如果你的宝宝不足 1 个月大，那你可以遵循我在作息规范当中列出的挤奶时间，按时挤奶，相信很快你的奶水就会充足起来。

关于夜奶，需要特别说明的一点是，如果你打算在宝宝 1 个月之内，就试着给他用奶瓶喂一顿夜奶的话，那么，不管这一顿喂的是挤出来的母乳，还是冲泡好的配方奶，你都可以把这个任务分配出去，让爸爸或其他家庭成员为你代劳。这意味着，在你觉得筋疲力尽的时候，可以早一点上床睡觉。通常，我建议妈妈们最好选择在晚上 9 ：30—10 ：30 给宝宝喂奶，或是挤完奶后再睡觉，因为这个时候挤奶可以刺激乳汁的分泌，并且确保妈妈们在后半夜有足够的乳汁给宝宝喂奶。

如果你之前在挤奶的过程中遇到过挫折，别气馁。在这本书中，我会有针对性地帮你们解决哺乳期的常见问题，你只需遵循相关章节所规定的作息规范或者计划，按照建议的时间来做，再遵照以下原则，就可以将挤奶这件事情变得轻松起来。

★ 挤奶的最佳时间是早上。因为每天这个时间，是你奶水量最大的时候。如果你从一开始喂奶就有挤奶的习惯，那一切都会容易许多。我的作息规范建议的挤奶时间是早上 6 ：45。如果你一天的奶量都很大，没办法等到清早来挤奶，也可以在喂完奶后，把另一边挤奶的时间推迟到 7 ：30 左右。如果你的奶量本身就很少，或者你正在追奶，那么你最好尽量遵循我所建议的时间来挤奶。

★ 给宝宝喂奶之前，可以先挤出一边的奶水，再给宝宝喂；或者先用一边给宝宝喂，另一边同时吸，等宝宝吃完这边，再接着吃另一边没吸完的部分。

★ 在宝宝刚出生的头几天，为了准备早上喂奶，你至少需要提前15 分钟起来，挤出 60 ~ 90 毫升的奶。到了晚上，这个挤奶时间要延长到 30 分钟。挤奶的时候，要尽可能保持安静，放松心态，这样整个挤奶的过程都会显得轻松许多。通常情况下，大多数我帮助过的妈妈，在第 1 个月结束的时候，都可以在每天早上 9：30 轻轻松松挤出 60 ～ 90 毫升奶水。她们用的大多都是我建议的双边电动吸奶器，整个吸奶过程只需要短短 10 分钟。

★ 双边电动吸奶器，是迄今为止我认为最好用的吸奶工具。这种机器的相关部件模仿的是婴儿的吸吮系统，能促使乳汁分泌流出。如果每天晚上 9：30 你要吸奶，就可以买一台这样的吸奶器，两边同时吸，省时又省力。

★ 有时候，你两边的乳房都不够涨，奶水不多，且流速很慢。这时你就可以放松放松，泡个热水澡，或是洗一个淋浴，再试着吸吸奶，效果会好很多。挤奶之前或者在挤奶过程中，你可以轻轻地按摩乳房，也有一定作用。

★ 有的妈妈发现，如果挤奶的时候，旁边放一张宝宝的照片会很有帮助；还有些妈妈则认为，挤奶的时候看看有意思的电视节目或者和老公聊聊天，效果会更好。这几种方法你都可以试试，看看哪一种对你最有效。

接下来，随着时间越来越久，到作息规范的某一阶段，当你的乳汁分泌已经非常稳定的时候，我会建议你逐渐减少挤奶次数，直到最后停止挤奶。一般来说，到第 3 个月时，你就可以只在晚上喂奶时挤挤奶；到第 4 ～ 6 个月，最后一次挤奶也可以取消了。一旦乳汁的分泌已经稳定，完全能满足宝宝的需求，你就可以灵活处理晚上 9：30 那一次的挤奶了。就算某些晚上你没有挤奶，也没有关系。如果你打算在宝宝 6 个月之前就给他断母乳，在咨询过专业人士之后，就可以直接停止挤奶。

关于母乳喂养的妈妈产后复工的问题

如果产后复工，你还想继续母乳喂养，有一点非常重要，就是你必须确保白天有足够的母乳可以挤出来。拿一个 3 个月大的宝宝来说，如果你的上班时间是每天早上 9：00—下午 5：00，那么在这个时间段中，你的宝宝大概需要喂两次奶，每一顿的奶量在 210 ~ 240 毫升之间。如果你要出去工作，就需要事先把这些奶挤出来准备好。

两次挤奶的时间最好在上午 10：00 至下午 2：30 之间，如果你挤奶的时间比这个时间晚，你的身体就可能分泌不出足够的乳汁。尤其当你下午 6：00 匆匆忙忙赶回家里的时候，情况更是如此。

下面有一些建议，是关于如何合理安排工作和母乳喂养的。

★ 如果还没复工的时候，你花了足够长的时间，建立了一个良好的乳汁分泌机制，那么复工之后，你很容易就能保持这种分泌状态。通常，根据母乳专家们的建议，一个良好的乳汁分泌机制大概需要 6 周的时间才能基本确定。

★ 从第 2 周开始，就按照我建议的时间挤奶，把挤出来的奶储存在冰箱里。

★ 从第 2 周开始，就在晚上睡前喂奶的时候，把挤出来的母乳装在奶瓶里喂给宝宝吃，这样当你产后复工回到工作岗位的时候，你的宝宝就不会出现不吃奶瓶的问题。

★ 回去工作之前，事先和你的老板好好协商，让你工作的时候能有一个安静的地方可以用来挤奶。同时你也要确定，在把奶水放进公用冰箱里的时候，同事不会忌讳。

★ 至少在你重回工作岗位的两周之前，就要确定一个混合的喂养模式。这样可以让你有足够的时间排除可能遇到的困难。

★ 一旦你重返工作岗位，就要特别注意自己的饮食，晚上要休息好。建议你每天晚上 9 ：30 的时候继续挤奶，以保持良好的乳汁分泌。同时带好胸垫，准备一件备用的 T 恤或背心。

从母乳转向奶瓶

不管你打算喂多久的母乳，都应该好好计划一下将来怎么从母乳过渡到奶瓶。这是非常重要的。当你决定好什么时候停止喂母乳，就应该同时为母乳转换到奶瓶预留出时间。因为一旦良好的乳汁分泌机制建立起来，要想停掉一餐的母乳，大概需要 1 周的时间才能适应过来。

举个例子，如果你花了 6 个星期才达到良好的出奶状况，那当你决定停止母乳喂养的时候，你至少需要另外 5 个星期的时间才能完全改掉之前宝宝的吃奶习惯，并且建立起新的奶瓶喂养习惯。这条信息对于那些必须回去工作的妈妈们而言非常重要。如果你还没达到良好的出奶状况，就要给宝宝停止喂母乳了，那也必须留出足够的时间，让宝宝慢慢适应奶瓶。对于一些宝宝而言，突然给他们断掉母乳，会让他们非常生气，因为他们都喜欢吸母乳时那种快乐和舒适的感觉。

对那些喂母乳不到 1 个月的妈妈来说，通常我会建议她们花上三四天的时间来给宝宝过渡；而对于喂了超过 1 个月的妈妈，我的建议是最好花上 5 ~ 7 天的时间逐渐停掉母乳。假如你的宝宝已经习惯晚上 10 ：00 那顿奶用奶瓶来吃，那下一次，你就应该逐渐停掉上午 11:00 的母乳，同时每一餐母乳都让宝宝比上一次少吸一点时间，没饱的部分用奶瓶喂养来补充。

当你的宝宝每餐都可以喝完一整瓶奶粉的时候，你的母乳喂养就可以完全停掉了。如果整个断母乳的计划你都小心谨慎地实行，那么，你的宝宝将会有足够的时间来适应奶瓶，你也可以避免乳腺炎的发生。乳腺炎是乳腺管因涨奶受阻而产生的症状，通常发生在突然断奶的母亲身上。

在整个断奶过程中，我建议你每天晚上9：30都继续挤奶。借着挤出来的奶量，你可以观察自己的奶水分泌速度下降到什么样的程度。有些妈妈发现，一旦将每天喂奶的次数减少到两次，她们的乳汁分泌会迅速减少。这时你得观察宝宝是否有下列现象：喂完母乳后，宝宝是否变得烦躁不安，且不愿睡觉？是否还想再吃一点？如果出现上述两种现象中的任何一种，你都需要再添30 ~ 60毫升的奶粉或事先挤好的母乳。这可以保证宝宝不会因为没吃饱而影响到睡眠。

下面的图表显示了你该如何安排宝宝断奶过程中的每一餐。每个阶段都代表你断奶的一个时间段——3 ~ 4天或者5 ~ 7天，这取决于你已经喂了多久的母乳。

喂养时间	早上7：00	上午11：00	下午2：30	晚上6：30	夜里10：00
阶段一	母乳	配方奶	母乳	母乳	挤出的母乳
阶段二	母乳	配方奶	配方奶	母乳	挤出的母乳
阶段三	母乳	配方奶	配方奶	配方奶	挤出的母乳
阶段四	母乳	配方奶	配方奶	配方奶	不用喂
阶段五	配方奶	配方奶	配方奶	配方奶	不用喂

注意：我建议妈妈们即便是开始断母乳了，在宝宝3 ~ 4个月的时候，也还是应该在每天晚上9：30挤奶。当然，前提是宝宝的爸爸或是其他人，可以代替你用奶瓶来给宝宝喂奶。这样做可以帮助你保持良好的乳汁分泌机制，也可以作为一个大概的考量，让你知道自己奶水分泌的状况。我发现，通常来说，妈妈们一个晚上的乳汁分泌量大概是她挤出来的奶量的两倍。

而如果你正在断母乳，并且已经到了第三阶段，那就可以逐渐停掉晚上的那次挤奶。你可以每天晚上把挤奶的时间缩短3分钟，直到完全取消。当你挤出来的量到了只剩60毫升，而且整晚都不感觉涨奶的时候，就可以把母乳完全停掉。在每晚最后一次喂奶取消之后，你应该小心不要对乳房施加过度的刺激。可以试着泡个热水澡，把你的胸完全浸在热水中，这样可以帮助胸部释放出残留的奶水，同时不会对乳腺产生太大刺激。

常见问题回答

问：我的胸很小，会不会奶水不够吃？

答：乳汁的分泌和胸部的大小完全没有关系。无论胸形如何、大小如何，每个乳房都会有15 ~ 20条乳腺管，每条乳腺管都有成串可以制造乳汁的细胞。乳汁就是在这些分布密集的细胞里制造出来的，当宝宝吸吮时，乳汁就会通过乳腺管流出来。

在宝宝出生的头几天，你就要经常让宝宝吸奶。大部分宝宝一天至少要喂8次奶，才能刺激乳腺分泌足够的奶水。

在给宝宝换另一边吃奶之前，一定要确保他已经把这一边的奶水吸光了。这样你的大脑才会传送继续分泌更多乳汁的信号，同时保证你的宝宝也可以吸到脂肪含量更高的后奶。

问：我朋友每次奶潮来的时候，都觉得很疼，有什么方法可以减轻这种涨奶的痛吗？

答：经常给宝宝喂奶，白天两餐间隔不要超过3个小时，夜里两餐间隔不要超过4 ~ 5个小时。

喂奶之前，可以先泡一个热水澡，将毛巾用温水打湿敷在胸口，这样有助于奶水流出来；也可以用手往外挤一点奶，这样等会儿给宝宝喂奶时就会轻松一些。

喂完奶后，用一块冰镇的冷毛巾敷一敷乳房，有助于血管收缩，减轻肿胀。

找一些紫甘蓝，把紫甘蓝的第二层叶子摘下来，放在冰箱里冷冻，两餐喂奶之间，把冷冻过的甘蓝叶子垫在文胸内。

哺乳期要穿戴型号合适的哺乳期专用文胸。注意腋下部分不要太紧，否则会压迫乳头。

问：我的很多朋友都因为喂奶太疼了，而放弃了母乳喂养。怎样避免这种情况？

答：很多妈妈在宝宝刚出生的时候，才开始喂奶就感到乳头疼痛，这其中最主要的原因就是她们的哺乳姿势不当。事实上，很多宝宝都没有以正确的姿势吸奶，而只是不停地嘬着乳头，这样非常容易造成哺乳妈妈的疼痛感，甚至导致乳头皲裂出血。当然，宝宝的吃奶质量就更谈不上有多好了。长此以往，只会形成恶性循环：宝宝因为吃得不够，很快又要吃下一顿奶，而妈妈们还没缓过来的乳头又要再次受到伤害。

一定要记得，在给宝宝喂奶时，让他的肚皮紧贴着你的肚皮，还要确保他的嘴巴张得足够大，那样才可以把你的乳头及乳晕全部含在嘴里。除了要用正确的姿势抱宝宝之外，还有一点也很重要，就是妈妈一定要坐得舒服。理想的座椅是那种椅背笔直并带有扶手的椅子，这样你就可以在抱着宝宝的手臂下面垫一个枕头，来维持正确的抱姿。否则宝宝一动，就很容易拉扯乳头，增加你的疼痛。

问：我的宝宝现在3周大了，从他一出生开始，就有人给我各种建议，有的让我喂宝宝的时候，两边的奶都要喂给宝宝吃，又有的告诉我，喂一边就够了，我都听糊涂了。我该怎么办？

答：用一边还是用两边喂奶，这完全取决于你的宝宝。如果他吃完一边的奶水之后，可以愉快地度过3～4个小时，每周体重稳步增加180～240克，那吃一边显然就够了。

如果喂完他一边，两个小时之后宝宝又饿了，闹着要吃奶，或者夜里醒来的次数超过两次，那就应该再喂他吃另一边。有时你也许会发现，只有在每天夜里，乳汁分泌量最少的那一餐，你的宝宝才可能需要吃两边的奶。

无论宝宝一餐是吃一边还是吃两边，你都应该确保一点，那就是在他们吃另一边之前，一定要把这一边的奶水先吃空。如果不确定宝宝吃没吃空，你可以用拇指和食指轻轻挤一挤乳晕，看看有没有奶水出来。

问：哺乳期，哪些食物需要忌口？

答：哺乳期和孕期一样，妈妈们都应该多吃一些对营养有帮助的食物，种类也要丰富。除此之外，两餐喂奶之间，妈妈们还可以加一些有营养的小点心，以满足身体需求。

保证每天至少摄入 180 克的家禽肉、精瘦肉或者鱼肉。素食者应该多吃豆类、豆制品及米饭，以摄取足够的蛋白质。蛋白质摄入不足的妈妈们，她们的宝宝都会容易显得烦躁。

有研究显示，食用乳制品会导致一些宝宝肠绞痛。如果你的宝宝出现了肠绞痛，那么建议你去咨询一下儿科医师，看看是不是应该控制乳制品的摄取。

应该避免食用含有酒精、糖精以及咖啡因的食品。别忘了，不是只有咖啡里才有咖啡因，茶、汽水以及巧克力等食品里都含有咖啡因。我发现，奶水里含有这些成分都会让宝宝不开心。

很多我护理过的宝宝，如果他们的妈妈吃了太多的草莓、西红柿、蘑菇和洋葱，喝了太多的果汁的话，他们就会变得很爱哭闹。在这里，我并不是建议你们彻底戒掉这些食物，只是我认为，在宝宝出现肚子不舒服、拉肚子、一直放屁、哭闹不止等情况的时候，你应该仔细回想下过去 12～16 小时自己吃了什么、喝了什么，避免再吃这些东西加重宝宝的不适。

哺乳期应该避免摄入酒精，尤其是烈性酒，但是也有一些专家认为，妈妈们可以在夜间喝一小杯黑啤酒，帮助心情放松。

问：我的宝宝现在两周大了，每次睡醒她都会哭着闹着要吃奶，但喂了不到 5 分钟她又睡着了，然后过了不到两个小时，又醒了找奶吃，如此反复，我真的快崩溃了。我该怎么办？

答：在给宝宝喂奶之前，你要先确定她是不是完全醒了。可以先挪开一点她的毯子，再把她的腿从睡衣里面解出来，让她先接触一下冷空气，再慢慢地醒过来。醒来之后，你才可以给她喂奶。

在给那些喜欢边吃边睡的宝宝喂奶的时候，要保持空气流通，同时不要给她穿太多，室内的温度也不要太高。喂奶时，你可以在旁边的地上放一个垫子，如果宝宝吃着吃着就要睡，你就可以把她放到垫子上。必要的话，还可以把她身上的毯子挪开，这样方便他伸伸懒腰，踢踢腿。但是她肯定会因为你把她放下了不开心，这时候你就可以把她重新抱起来继续喂奶。这一过程可能要重复两三次。当她吸一边的奶吸了有 20 分钟的时候，你可以先抱起来拍拍嗝，换换尿片，如果这时候这一边的奶还没吸完，就接着让她吸，如果吸完了，就换另一边吸。

如果可以的话，晚上睡前那一顿奶就让你的老公帮忙喂吧。你可以事先把母乳挤出来，存在冰箱里，然后交代给老公就去休息。这样，你一天至少可以确保几个小时充足的睡眠。

问：我儿子现在 16 周大了，过去两周，给他喂奶越来越难。从第 11 周开始，喂完睡前的那一顿奶后，他就不吃夜奶了，但问题是，一直到早上 7：00，他吃奶的兴趣都还是不大，最多也就能喝进去 60 毫升。之后他就开始断断续续地哭，一直哭到上午 11：00 的那顿奶。如果 11：00 之前就给他喂了奶，那他中午那顿觉就睡不好了，最多睡一个钟

**头就会醒来想方设法找奶吃。并且接下来的几顿奶，他的吃奶时间也被
完全打乱，我该怎么办？**

答：为了让你的儿子在早上 7：00 能吃进去更多的奶，你可以试试
晚上那一顿给他少喂一点，减到 90 ~ 120 毫升，看看对他早上 7:00 的
那一顿奶有没有帮助，能不能吃更多。每个宝宝都是独特的，或许你的
宝宝添加固体食物前，晚上都不用喝太多的奶就够了。

如果早上 7:00 那一顿，你的宝宝能吃得多一点了，就必须在上午
11:00 之前给他喂另一顿。如果上午 10：15 的时候你就给他喂了一顿，
那我也建议你在上午 11：15 或 11：30 的时候，再给他喂一点，这样可
以确保他的午觉睡得好一些。

还有一种可能发生的情况是，当你的宝宝进入猛长期时，他可能早
上很早就醒了，也很快把一瓶奶干光。这个时候，我会建议你回到之前
的用餐规律里，晚上那一顿给他多喂一点，让宝宝可以一觉睡到第二天
早上 7：00。

5

奶瓶喂养

The New Contented
Little Baby Book

很多妈妈认为，喝奶粉长大的宝宝比较容易养成规范的作息。但我不这么认为。事实上，喝奶粉的宝宝和吃母乳的宝宝一样，都需要妈妈们的引导，才能养成良好的作息。我曾经给很多奶瓶喂养的妈妈做过咨询，发现她们的问题和母乳喂养的妈妈其实相差无几：同样是一个晚上起来好几次，感觉很累，宝宝好像怎么吃都吃不够。而如果他们身边有人可以帮忙喂奶，情况就会好许多。母乳喂养的妈妈们也是一样，她们可以事先把奶水先挤出来装在奶瓶里，再让宝宝爸爸或其他人代劳。奶瓶喂养的妈妈真正比母乳喂养的妈妈省事的地方是，她们在饮食上更随意，不用担心这个不能吃，那个不能吃。

如果你决定用奶瓶喂养宝宝，那么你也要遵循与母乳喂养一样的作息规范。唯一的区别是，你会发现，在早上 7∶00 喂完奶之后，你的宝宝能至少坚持 3 个小时不会饿，但其他时间基本跟母乳喂养的宝宝一致。如果有的时候，你的宝宝喝不完整瓶奶的话，就可以像母乳宝宝换边吃的原则一样，可以把一餐分成两小餐，让宝宝歇歇再吃。

喂奶的分量和频率

专家建议，4 个月以下的宝宝，应该以其体重为依据，以每磅（1磅 =0.4536 千克）体重摄取 70 毫升奶水来计算。以一个体重 3.2 千克的宝宝为例，他每天大概需要吃到 510 毫升的奶。这只是一个参考值，食量大一点的宝宝可能会多喝 30 毫升左右。

如果你的宝宝是这么一个大胃王，那你可以在早上 7∶00、上午 10:30，以及晚上 10:30，给他多喂一点奶。不要让他养成半夜多吃奶的习惯，这样只会适得其反，导致宝宝白天醒着的时候反而不太饿，吃得也少，晚上却吃得很多。如此恶性循环，结果就是每天晚上你都要起来喂好多次奶。

同样的原则也适用于母乳喂养，尽量在早上 7：00 到晚上 11：00 的时间段内，让宝宝摄入每天所需的大部分奶量。这样的话，他们只需在半夜吃少量的奶，慢慢地，就连半夜的奶也不用醒来吃了。

下表是我以一个护理过的宝宝为例，列出的他第 1 个月的进餐食量。这个宝宝出生时的体重是 3.2 千克，之后每周以 180～240 克的速度增长，1 个月大时体重就已经超过 4 千克。通过合理调整他的进餐食量（在正常就餐时间多吃一些），他在半夜吃奶的次数越来越少，到了第 6 周时就能一觉睡到早上 6：30 了。

时间	早上 7：00	上午 10：00— 10：30	下午 2：00— 2：30	下午 5：00	下午 6：15	夜里 10：00— 11：00	凌晨 2：00— 3：00	总量
第一周	90毫升	90毫升	90毫升	60毫升	60毫升	90毫升	90毫升	570毫升
第二周	90毫升	120毫升	90毫升	90毫升	60毫升	120毫升	60毫升	630毫升
第三周	120毫升	120毫升	90毫升	90毫升	90毫升	120毫升	90毫升	720毫升
第四周	150毫升	120毫升	120毫升	90毫升	90毫升	150毫升	60毫升	780毫升

注意：上面图表当中的奶水摄入量是根据特定宝宝的需求所计算出来的。在宝宝成长的过程中，你应该尽可能遵循图表中所列出的进餐时间，但同时也要根据自己宝宝的具体需要，做出适当的调整。在宝宝进入到猛长期，摄食量大增时，一定要确保首先增加上午 7：00、上午 10：30 以及晚上 10：00—11：00 之间的奶量。

确立奶瓶喂养习惯

宝宝刚出生的时候，医院可能会提供几种牌子的奶粉供妈妈们选择。这几种牌子都是经过卫生部门认可的，成分与母乳类似。并且，这些奶粉都是以温水冲泡装在奶瓶里，附有消毒好的奶嘴。一般来说，除非奶瓶是一直存放在冰箱当中，需要特别加热，一般情况下如果是室温保存，就可以直接拿来喂给宝宝吃。如果一定要加热，可以买一个温奶器，或是把奶瓶放在盛着温水的热水壶当中加热。

绝对不要用微波炉热奶，因为微波炉不能均匀加热，最后可能烫伤宝宝的嘴。不管你是用何种方式热奶，一定要在给宝宝喂之前，自己先试试会不会太烫。滴几滴到手腕上试试，如果感到微温就是适当的温度，如果很热的话就绝对不可以给宝宝喂。加热过一次的奶如果没吃完就该丢掉，因为再热第二次的话会加速奶水当中的细菌增生，这也是造成奶瓶喂养的宝宝腹泻的一个主要原因。

很多奶瓶喂养的妈妈，在医院里听到的建议和母乳喂养的妈妈很像："只要宝宝想吃就喂给他吃，想吃多少就吃多少。"虽然奶瓶喂养的妈妈不用像母乳喂养的妈妈们那样，时刻担心自己的奶水会不会不够，但其他可能发生的问题却和母乳喂养的妈妈们很类似。一个体重超过 3 千克的新生儿，可能直接就开始喝两周到一个月大宝宝才应该喝的奶量。一个体重较轻的宝宝可能吃了不到 3 小时就饿了。

在你出院回家之前，要先请人买好至少两大罐奶粉，奶粉的牌子要和宝宝在医院里喝的一样。回到家之后，你就要依照事先为宝宝计划好的作息，开始准备接下来 24 小时需要喂食的奶粉。找一个你不太累的时段来泡奶，仔细照奶粉罐上的指示来操作。所有前一天没喝，以及上一餐喝剩的奶水都应该倒掉。用热水泡好的奶粉一定要在 1 小时之内喝掉，没喝的也得倒掉，如果需要再喝的话，再拿热水泡新的奶粉。

在宝宝还很小的时候，家里最好是多放一瓶开水，紧急时用来泡奶，也可以把开水倒进保温杯里，夜里给宝宝泡奶的时候直接使用。当你出门的时候，可以把保温杯带着，同时用干净、消毒过的塑料容器携带适量的奶粉，还要带一个消过毒的干净奶瓶。

卫生与消毒

对于卫生问题需要极度关注：宝宝的所有喂食餐具都要消毒，以及给他准备或者保存奶瓶过程当中的消毒。

存放奶粉和冲泡奶粉的地方，一定要保持绝对干净。每天早上，都应该用热肥皂水把橱柜的台面彻底地擦洗一遍，然后把用过的抹布在自来水下仔细地冲洗，再重新擦一遍橱柜的台面，抹掉上面的肥皂沫，最后用卫生纸和消毒剂再擦一遍。

对于小月龄宝宝而言，细菌感染通常是导致腹泻的一个主要原因。如果严格地按照下列原则去做，就可以降低细菌感染的风险。

★ 必须按照上述方法，每天彻底清理橱柜的台面。

★ 每次给宝宝喂完奶之后，奶嘴和奶瓶都应该用冷水彻底冲洗，然后和其他准备消毒的物品一起放在一个容器里。

★ 养成清洗和消毒的习惯。选择一个你不是很累，并且可以集中精力的时候进行消毒工作。大多数妈妈的经验是中午12:00，也就是宝宝睡午觉的时候，是一个很好的消毒时间。

★ 双手要经常用热水和杀菌洗手液清洗，然后以手纸擦干。记住是手纸而不是毛巾。毛巾是繁殖细菌的温床。

★ 准备一个专门的电热水壶，只给宝宝烧水泡奶粉，这样可以避免有人想泡茶喝的时候，又把水壶里的水再烧开一遍。

★ 每天都应该把水壶里的水倒掉一次，把水壶内外清理干净。灌水前，应该让水龙头里的水先放个几分钟，把前面的水垢冲走，再往水壶内倒水。

★ 放在冰箱内冷藏超过 24 小时的奶都应该丢掉。

★ 把用来放脏奶瓶的容器装满热的洗涤剂水，再拿一把长柄的奶瓶刷，仔细地清洗所有的奶瓶、奶瓶盖、奶嘴、瓶口等。然后，把这些配件放在热水下面仔细冲洗，再把装这些配件的容器内外洗干净，最后把所有物品全部再用热水冲过。

★ 奶瓶消毒器也必须每天清洗。检查看看配件干不干净，需要的话就洗洗，然后按照使用说明书，把奶瓶和奶嘴放进消毒器消毒。

如何用奶瓶给宝宝喂奶

喂奶前先把所有用得到的东西准备好：一把座椅、一个靠垫、一个围嘴和一块毯子。和喂母乳一样，妈妈们在给宝宝喂奶瓶的时候，很重要的一点就是要坐得舒适。在宝宝还很小的时候，我建议所有的妈妈抱着宝宝的时候，手臂下都垫一个枕头支撑住，这样可以保证宝宝身体微倾，背可以挺直。如果按照图 A 所示的姿势喂奶，宝宝就可以减少吃进空气的可能。而如果按照图 B 所示的姿势喂奶，宝宝可能吃一顿奶的同时会吸进很多空气。

喂奶之前，可以先把奶瓶盖拧松一些。如果拧得太紧的话，空气会进不去奶瓶，最后导致宝宝可能一直吸都吸不到奶。

有一点别忘了，喂奶前一定要先试试奶的温度是否合适，如果滴几滴在手腕上感觉温温的，那就正好。如果你经常给宝宝喂比较热的奶喝，慢慢地你就会发现，当你喂到后面，奶有点凉了的时候，宝宝会嫌凉就不愿意再喝了。重新给奶加热，或是把奶放在热水里温着都不可取，这样容易使奶变质，最后你可能不得不一餐给宝宝热两瓶奶，那就太麻烦了。

喂奶的时候，你要确定奶瓶倾斜成一定的角度，并且整个奶嘴里都

喂奶时的姿势

图A：正确的姿势

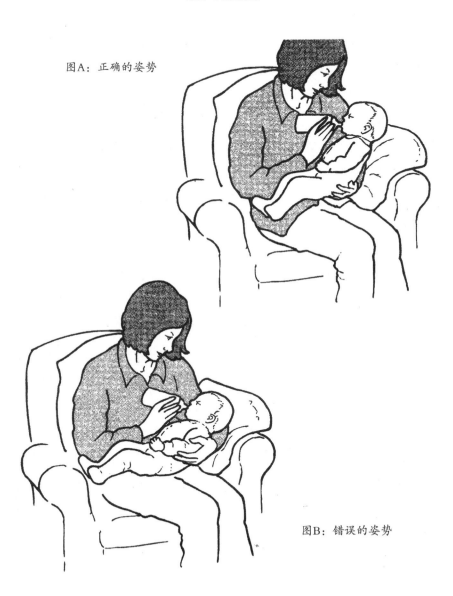

图B：错误的姿势

充满了奶水，这样可以避免宝宝吸进太多空气。

别在宝宝还没吃够前，就停下来给他拍嗝，这样只会让他不开心。有些宝宝会先喝完奶瓶里的大部分奶，再让大人帮他拍嗝，然后休息个10～15分钟，接着把剩下的一点奶喝完。在宝宝刚出生的那些天，你可以让宝宝喝一半再休息休息，然后用大概40分钟喂完整瓶奶。到了宝宝一个半月到两个月大的时候，就可以在20分钟之内让他把奶瓶里的奶全部喝完。

如果你发现，宝宝每次吃奶都很费力，还要花很长的时间，或者有时吃着吃着就睡着了，这时你就要注意，是不是奶嘴上的吸孔太小了。我发现很多我护理过的宝宝一生下来就直接用中速吸嘴，因为小流量的奶嘴他们吸起来实在是太慢了。

偶尔也会有这样的情况，有些宝宝10～15分钟就把一瓶奶喝完，并且还想喝。这时候，妈妈们就要好好辨认，你的宝宝究竟是真的饿，还是他们只是非常喜欢做出吸吮的动作。因为事实上，有些宝宝的吸吮能力真的很强，所以，他们可以很快就喝完一瓶奶。

对新生儿而言，吸吮的动作不仅仅是一种进食手段，也是一种与生俱来的乐趣。如果每次喂奶，宝宝很快就喝完了还想喝，你就可以给小一点吸孔的奶嘴，让他继续再吸一会儿，或者给他一个安抚奶嘴，来满足他的吸吮需求。

对于一个奶瓶喂养的宝宝，如果他一天的奶量，超出正常生长所需要的奶量，那么他的体重很容易就会迅速增加。虽然每天多喝几十毫升奶看上去不是什么很大的问题，但是如果你的宝宝每周体重增加超过240克，最后他一定会超重，超重到一定程度后，那么仅仅靠喝奶是喂不饱他们的。如果在可以添加固体食物的月龄之前发生这样的情况，后续就会有很多实际的麻烦。

为了使奶瓶喂养进行得更顺利，你应该注意以下原则：

★ 喂奶之前，先检查一下奶瓶盖，有没有拧松一点。如果拧得太紧，就会限制奶水的流量，宝宝吸起来也更困难。

★ 确保奶水的温度适宜，不冷不热，不能太烫。

★ 胀气是奶瓶喂养的宝宝一个常见的问题。为了避免这个问题，在喂奶之前，你要尽量让自己坐得舒服一点，同时抱宝宝的姿势也要正确。

★ 给新生儿喂奶的时候，可以让他们喝到一半就休息一下。保证每次喂完一瓶奶在 40 分钟左右。

★ 如果你发现，早上 7：00 那一餐奶，都需要你把宝宝叫醒来喝，而他好像又不是很饿的话，就可以把半夜那一餐的奶量减少 30 毫升。

奶粉吃得过多怎么办

和母乳宝宝不同，在新生儿阶段，人工喂养的宝宝最常见的问题就是吃太多。之所以会出现这样的问题，我认为很大一部分原因就在于，这些宝宝吃得太快，经常没一会儿就干完了一整瓶奶，但与此同时，他们的吸吮需求却没有得到充分满足，以致当大人把奶瓶从他们嘴里取走时，他们会不停地哭闹。很多妈妈错误地把这种哭闹解读为他们还没吃饱，然后继续泡一瓶奶接着喂。如此一来，宝宝们就养成了一次喝很多的习惯，造成的连锁反应就是这些宝宝经常在一周之内体重大增。这个问题如果持续发展，就会出现这样的现象：光靠喝奶已经喂不饱他们了，但他们的月龄又不足以消化固体食物（在 6 个月以下）。

当然，对于有些宝宝，如果一天之内的某一顿，给他们额外补充 30 毫升奶水，也算是正常的现象。但如果你的宝宝每天都要额外补充 150 毫升奶水，每周体重增加幅度超过了 240 克，家长们就要格外注意，并加以控制。当我在给宝宝们用奶瓶喂奶时，如果他们表现出了特别喜欢吸吮的迹象，我就会在两餐之间给他们喝一点水，再给他们一个安抚奶嘴，这样就基本可以满足他们的吸吮需求。如果你担心你的宝宝实在是吃得太多，也可以去医院问问大夫，看看有没有什么对策。这很重要，还需要家长们多多注意。

6

理解宝宝的睡眠

*The New Contented
Little Baby Book*

在整个育儿环节，最容易被误解，同时也让父母们最为困惑的事，就是宝宝的睡眠。一些观念错误地以为，宝宝刚生下来除了吃就是睡。虽然对于很多宝宝来说，情况的确如此，但是全英国有超过 126 家儿童睡眠门诊已经证实，许多宝宝并不是那么好吃好睡。如果你的宝宝属于后者，紧张、易怒，而且很难哄，那就要引起注意，你的宝宝未来很可能出现睡眠问题。

如果你能遵守我在此书中所列出的作息规范去做，那么你一定会在不太困难的情况下，让宝宝养成很规律的睡眠习惯。事实上，大多数我亲手照看的宝宝，到了 8 ~ 12 周的时候，都可以从晚上一觉睡到早上六七点。但也有例外，比如，有些宝宝还没到 8 周就可以睡整觉，有些则到 12 周依然夜起不断。

我没有亲自照看你的宝宝，所以无法明确地告诉你，你的宝宝什么时候一定能睡整觉，睡到几点。毕竟，宝宝的睡眠问题受很多因素影响。比方说，如果你的宝宝是一个早产儿，或是你一开始并没有给他一个作息规范，而是在出生几周后才实施，那么，显然你的宝宝就需要更长的时间来适应这个新作息。但只要你有足够的耐心，始终如一地坚持，并且给宝宝一些时间去适应，在他们可以遵循我的作息规范之前，静待时日，那么一旦这些作息规范确定，你就可以避免经受数月不眠之夜的痛苦——这种痛苦是很多家长都曾经历过的。这些作息规范在成千上万的宝宝和他们的父母身上都发挥了作用，因此我相信，它们对你也同样奏效。

有个不变的黄金定律：你若是希望宝宝能够在出生后，很快就能一觉睡到天亮，而且一直保持良好的睡眠习惯，那么最重要的一点就是，**从宝宝一离开医院回到家里，你就要控制他吃奶的时间和分量。**育儿书和医院里的护理人员给你的建议通常是，由着宝宝吃奶，看他想吃多少、想吃多久都没关系，而且如果宝宝的吃睡习惯很奇怪，你也应该把它当成正常情况来看待，因为等他到了三个月大的时候，一切都会自然好起来。

然而，自从 1999 年我的第一本书出版以来，我接过太多电话和无数疲惫不堪的妈妈发来的信件，她们告诉我，她们的宝宝年纪都在 3 个月至 3 岁之间，都有很严重的睡眠问题和喂养问题。这样的事实一次次地驳倒了所谓"**3 个月之后宝宝自然而然就会形成一种作息规范**"的理论。而且如果你的宝宝作息不规范的话，也会给家庭当中的其他成员造成相当大的困扰。

的确有些宝宝到了 3 个月大就能够一觉睡到天亮，而且他们的父母并没有特别调整他们的作息，于是，很多不明就里且身心疲惫的妈妈，都寄希望于 3 个月之后会出现奇迹的转变——她们的宝宝突然就作息正常了。但事实上，我几乎可以肯定地说，如果你的宝宝分不出昼夜的差别，分不清白天的小睡和夜间的长睡有什么不一样，如果你没有从宝宝一出生就合理安排宝宝的进食，那么 "3 个月后就能一觉到天亮" 的奇迹，是不可能发生在你家宝宝身上的。

如果你想避免宝宝夜里每隔几个小时就要醒来吃奶的习惯，就要确保他们在白天少吃多餐，这一点很关键。过去我接到过很多从医院病房打来的求助电话，他们的求助内容也大致相同：宝宝每次吃奶都长达 1 个小时，尤其是晚上 6：00 到早上 5：00 这个时间段，宝宝几乎每两个小时就要吃一次。这些妈妈通常被弄得疲惫不堪，就连乳头也是伤痕累累。

当我向她们问起宝宝白天的情况时，得到的回答几乎都是：宝宝白天一直表现不错，一吃完奶就睡，一睡就是 4 个小时或者更长。这些初为父母的家长，总是得到各种各样矛盾的建议。专家们一边告诉他们，新生儿每天吃奶 8 ~ 12 次都是完全正常的；一边又告诉他们，白天两餐吃奶的间隔里，应该尽量让宝宝睡觉。这样一来，一个白天只吃了 4 顿或者更少的宝宝，只能靠夜里多吃几顿，才能补回来白天不足的部分，这就不奇怪为什么他们会在夜里醒来那么多次了。所以，这也是我反对按需喂养的主要原因之一。这种喂养模式没有考虑到的一种情况是，很多宝宝在出生早期并不会主动要求吃奶。

睡眠与按需喂养

对于一个初为人母的妈妈，她听到最多的育儿理念应该就是"按需喂养"，而这往往容易让她们陷入一个误区，认为宝宝一出生就给他们规定一个作息规范，有点残忍，甚至会危害到宝宝的营养吸收和情绪发展。而我，虽然不认同老式的 4 小时喂养方式，觉得无论是母乳还是奶瓶喂养，这种喂养方式都不符合宝宝的天性；但同时也认为，"按需喂养"这个概念被使用得太随意了。

事实上，我经常接到新生儿妈妈的电话，她们还没等到出院，就从医院的护理站向我求助，说她们一晚上要喂好多次奶，经常整夜未眠。而即便是这样，医院里的护理人员还是赞同这样一种作息，他们认为，在进食方面应该完全由宝宝来主导。除了赞同"一天给宝宝喂 8 ~ 12 次的奶都是正常的"之外，我也一再地对护理人员给妈妈们的建议感到吃惊不已——他们居然鼓励妈妈们让宝宝白天尽量睡饱，这样才不会在晚上一再醒来的时候感到太累。也难怪妈妈们回家后会感到那么辛苦，因为宝宝不好的吃睡习惯，在医院里已经养成了。

还有一些专家，他们的观点更为激进，认为叫醒一个睡眠中的宝宝会对他们造成伤害，并对我把宝宝叫醒喂奶的行为表示充分的敌意。对于这样的观点，我的态度是明确的。过去这些年，我在工作中曾护理过太多对双胞胎及早产儿，正是这些经历让我觉得这些专家的观点完全是无稽之谈。在我的观察中，那些双胞胎及早产儿在医院的时候，医护人员都会很有规律地给他们喂食，因为这些幼小的、昏昏欲睡的小生命需要依靠少吃多餐来维持，所以，医护人员通常不敢让这些宝宝在两餐之间睡太长时间，那样会冒很大风险。这样的经历对于我在日后制定宝宝的作息规范有很大帮助。恰恰与很多人反映的相反，**我的这些规律并不是不给宝宝吃东西，而是为了确保他们吃得足够饱。**事实上，我曾亲自护理过由于脱水而濒临死亡的宝宝，之所以会出现这样的情况，就是因为这些宝宝自己不会主动要求摄入足够的乳汁。这进一步让我确信，按需喂养的模式对宝宝来说太随意、太不谨慎了，相比而言，按时把宝宝叫醒给他喂奶，更能降低宝宝的风险。

而且很多母乳宝宝，因为从一出生开始就每两小时吃一次，不管白天还是黑夜，如此频繁地吃奶，不可避免的情况就是宝宝吃着吃着就睡着了。这样常常导致很多宝宝产生长期的睡眠问题，而他们的父母则因为愈来愈难安抚宝宝而筋疲力竭。在束手无策下，他们开始采用目前所有育儿书里说的方法——抱睡、摇睡、奶睡，或是载他出门逛到他睡着，如果这些全不管用的话，那就把他放回床上。

不可思议的是，大部分育儿专家都认为，这些现象是宝宝的正常反应，而且妈妈们使用的解决方法也都没错。然而，现实中的结果是，经过数月的不眠之夜和筋疲力尽的白天，这些宝宝依旧每隔两三小时就得喂一次，而这些父母则开始四处求助于医生，带着宝宝看各种睡眠门诊，或者买一些如何让宝宝一觉睡到天亮的书来看，最后得到的结论是，原来他们从一开始就用错方法，走进了误区。宝宝不能好好睡觉的真正原因是，父母们没有从一开始就给他们建立何时该睡觉的概念，反而让他们产生了错误的睡眠联想，把睡觉与吃奶、抱起来摇摇或者拍拍等事情联系在了一起。

迪利·道威是塔维斯克诊所著名的心理学家，他和贺佛什尔大学的大卫·马歇尔，对婴儿和幼儿时期的睡眠形态，都做过密集的研究。两个人的研究结论都一样：婴儿的睡眠习性，受母亲怀孕时的情绪影响很大，迪利把婴儿们的母亲分为两种类型，一种是"计划型"，一种是"迁就型"。计划型妈妈很清楚应该如何让宝宝配合她的生活作息，而迁就型妈妈只会不断地迁就宝宝。迪利声称，研究结果显示，计划型妈妈的育儿问题比迁就型妈妈的问题来得少。大卫·马歇尔也支持这样的理论，他说如果一个母亲觉得她可能得每晚起来喂好几次奶，那她真的就得起来好几次。

我从经验中发现，很多父母的表现完全符合上述理论。好在，很多迁就型妈妈已经了解到宝宝之所以睡不好，是因为他们从自己那里养成了错误的睡眠习惯，所以她们的态度也开始转变，不再一味地迁就宝宝。

一个宝宝睡得怎么样，与他吃得怎么样以及他的睡眠联想密切相关。为了鼓励宝宝养成健康的睡眠习惯，有一点非常重要，**你不仅要合理安排宝宝的进餐，还要理解他的睡眠节律，以便从一开始就确立正确的睡眠联想**。即使有些时候，你不太可能严格按照书中的作息规范来做，但理解宝宝的睡眠节律对你依然有帮助，你可以适当调整作息规范，以适应宝宝的修改需求。如若不然，这场睡眠之仗你会打得很辛苦。

宝宝的睡眠节律

大多数专家都赞同，新生儿在刚出生的几周之内，每天大概需要睡16 小时。这 16 个小时又可以划分为长睡眠时段和短休时段。宝宝在出生早期，其睡眠状况在很大程度上与他们少吃多餐的进食特征联系在一起。每次给他喂奶、拍嗝、换尿布，都要花上足足 1 个小时，之后他就很快入睡。如果进餐状况良好，通常他们会一觉睡到下一餐才醒来。因此，在一天 24 小时之内，宝宝会吃奶 6 ~ 8 次，每次吃奶的时间都在 45 分钟到 1 个小时，算一算他共睡了 16 个钟头，恰好符合这些专家的理论。

然而这样的作息其实是错误的，父母们却浑然不觉，直到 3 ~ 4 周的时候，问题才开始显现。这时，宝宝通常变得很有警觉性，精神状态也越来越好，再也不是一吃完奶就立刻入睡；而父母们则开始焦虑，他们不知道自己的宝宝怎么了，于是开始借助各种手段让宝宝入睡，包括喂奶、轻摇、使用安抚奶嘴等，但结果却是适得其反。这些家长没有意识到，当宝宝到了这个月龄，不同睡眠层次之间的界限就已经开始变得分明了。

像大人一样，宝宝会从浅层次睡眠进入到睡梦期，也就是通常所说的快速眼动睡眠，接着再进入深层次睡眠。这个周期比起成人的睡眠周期要短许多，大概只有 45 分钟到 1 个小时。有些宝宝在进入浅层次睡眠时会稍有躁动，但有一些宝宝则会完全醒来。如果他们醒来是因为他们饿了，那就没有问题。但如果他们一小时前刚喝完奶，还是无法入睡，而家长们又继续使用上文所说的手段哄他们入睡，那么接下来的几个月，宝宝就会出现越来越严重的睡眠问题。

最新研究显示，夜里宝宝处于浅层次睡眠的次数和清醒的时候一样多。通常状况下，他们都会再睡回去，然后重新进入深层次睡眠；而睡不回去的，大都是那些被父母用不当方法哄睡的宝宝，因为他们已经习惯在别人协助下入睡。

要想让宝宝在很小的时候就养成良好的睡眠习惯，就得尽量避免不断地哄睡给他们造成错误的睡眠联想。我的作息规范经过合理的安排，可以让宝宝吃得很好，也不会过于疲惫，更不会让他们产生错误的睡眠联想。

如何确立一个规范作息

一旦宝宝恢复了出生时的体重，并且开始稳步增长，你就可以把他睡觉的时间，定在晚上 6：30—7：00，并且让他直接睡过晚上 9：00 那一顿奶，先推到晚上 10：00 左右再喂，再逐渐推后到晚上 10：30。如果宝宝进食状况良好，在晚上 11：00—11：30 就睡下了，那么他很可能一直睡到凌晨两三点。当然，前提是爸爸妈妈们以恰当的方式把宝宝叫醒了喂奶，并且确保在最后一餐把他喂好了。

如果你的宝宝在晚上 6：00 那餐吃得很好，在晚上 7：00—10：00 之间又睡得很好，那说明他离一觉睡到天亮也就不远了。然而，要想确定这么一个规律的作息，其实还有很多其他影响因素。其中最主要的因素就是，你要合理安排宝宝白天的进食和睡眠，让他在下午 5：00—6：15 之间好好吃一顿；白天尽量保持清醒，多玩一会儿，这样晚上 7：00 的时候，宝宝就愿意睡觉。如果你让宝宝在下午睡了很长时间，即使他晚上吃得再好，在晚上 7：00 也不会想睡觉。

宝宝夜里能否睡好，在很大程度上取决于白天发生了什么。一旦他的体重稳定增加，就意味着宝宝正在健康成长。随着宝宝不断长大，他们每餐摄入的食物量在增加，两餐之间也可以逐渐拉长时间。最理想的状况是，他们可以把晚上 7：00 和 10：00 的那一觉，以及每天最后一餐和午夜后的几餐之间的睡眠时间拉长。

但这一切并不是自然而然就会发生。在我的作息规范中，有一个最艰难的环节，就是父母们需要在白天遵循我所建议的时间表的同时，把宝宝叫醒起来喂奶。事实上，你会发现，如果宝宝在白天可以有规律地进食，那么随着他不断长大，他在夜里需要摄入的食量就会开始减少，相应地，他白天摄入的食量就会增加。

无论如何，要想确立良好的作息规律，你都应该尽量在早上 7：00 开始安排一天的事情，并且遵循我所建议的时间点，确保宝宝在每一餐都吃好，让他在白天就餐的间隙保持清醒，并且在晚上 7：00 安稳地睡下。你要记住一条，如果宝宝在晚上 7：00 那一餐吃得好，又能很好地睡到下一餐，并且在吃完下一餐之后又能很好地入睡，那么他可能就会睡上更长的时间。当然，前提是在你叫醒宝宝吃奶的叫候，他始终保持清醒，并且吃得很好。

太小的宝宝很容易变得过度疲劳，所以，要在晚上 6 : 00 之前让他睡觉。如果宝宝在白天的小睡阶段睡得不是很好，妈妈们就应该把晚上的睡觉时间提前一点。睡前给宝宝洗澡，洗澡时保持环境安静，洗完澡后尽量避免和宝宝有眼神接触，也不要和他过多谈话，以免对他造成过度刺激，让他再度兴奋。尽量在安静并且光线较暗的屋子里面，给宝宝喂一天最后一顿奶，这样有助于安抚宝宝的情绪，让他好好睡觉。

这个过程会十分辛苦，但很多和我交流过的父母都认为，当他们看到自己的宝宝晚上睡眠时间越来越长，并且很快就一觉到天亮时，他们觉得所有的付出都是值得的。

如果宝宝早醒了怎么办

自从这本书第一版问世以来，我和成百上千的父母们交流过，发现他们的宝宝都出现过早醒的问题，并且这些父母都有一个共同特点，就是他们并没有遵循我的建议，让宝宝自然地醒来。大多数爸爸妈妈都承认，宝宝白天睡觉的时候，只要一醒，他们就会立马抱起来。这样时间一长，宝宝们早上一醒来就会想要被人抱。

但我的观点是，即便宝宝醒来，也不要立马去抱。在 8 ~ 12 周之间，大多数宝宝白天睡醒之后，并不是立刻就要吃东西，所以，你无须把他们抱起来喂食。最好让他们在婴儿床上先躺一小会儿。

通常来说，我会建议妈妈们把宝宝放在比较昏暗的房间里睡觉，如果早上 7 : 00 之前要给宝宝喂奶，那么也要像夜间喂奶一样，保持安静的环境，不要和他们说话，也不要有眼神交流，以免过度刺激他。喂完奶后，可以再度安抚他们睡觉，一直睡到早上 7 : 00。如果他们在早上 6 : 00—6 : 30 之间就醒来，那也要让他们在床上一直躺到 7 : 00。

这种方法对于我曾经护理过的数百个宝宝都有效果。当然，还是会有一些宝宝在早上 5：00—6：00 之间醒来，但是他们咿咿呀呀一会儿，又能很快睡过去。

但我确信，只要你按照以下原则去做，宝宝几乎不可能会早醒。

★ 研究表明，处于黑暗环境中，大脑中的化学物质会发挥作用，为睡眠做工作准备。所以，当宝宝睡觉的时候，你要仔细检查，确保窗帘的两边和顶端，以及门的周围没有缝隙。宝宝处于浅层次睡眠的时候，即便最弱的光线也能让他完全醒来。必要的话，还可以为宝宝的房间装上遮光帘。

★ 在宝宝满 6 个月之前，惊吓反射会非常强烈，尤其是在刚出生的那段日子，这种反射动作会特别明显。主要表现在，当他们突然听到大动静的时候，或是当你把他们放下时动作太快太重的时候，他们的身子会突然弹起，手脚剧烈摆动。正因如此，我们才称它为"惊吓反射"。但是随着时间慢慢过去，宝宝的惊吓反射会越来越少，可能持续到七八个月大，就会彻底消失。我曾经观察到，很多宝宝半夜处于浅层次睡眠的时候，经常是腿蹬来蹬去的，被子时不时地被踢掉。所以，我常常建议妈妈们在惊吓反射完全消失之前，每天晚上都应该把宝宝的被子掖好。这一点非常重要。对于特别不老实的宝宝，我建议妈妈们给他们穿上睡袋睡觉。

★ 不要试图通过减少宝宝午夜的那一顿奶，来让他一觉睡到天亮。那餐宝宝想吃多少就吃多少，确保他能安稳地睡到第二天早上 7：00。只有在早上 7：00 那餐宝宝不能好好吃奶的时候，才可以考虑减少午夜那一餐的奶量。

★ 如果宝宝在早上五六点钟就要吃奶，那也要像在夜里一样，在光线昏暗的房间里喂他，并且尽快完成，避免眼神接触或与他谈话。除非必要，否则不给宝宝换尿布。

·在宝宝适应固体食物之前，不要取消每天晚上的任何一餐奶。如果宝宝在添加固体食物之前，就进入了猛长期，那么睡前那一餐就应该让他多吃一点，以免早上因为饥饿而醒来。

常见问题回答

问：刚出生的宝宝每天睡多少个小时才算正常？

答：这取决于宝宝的体重，以及他是不是早产儿。大部分宝宝一天睡 16 个小时就够，这 16 个小时的睡眠又分为短时间睡眠和长时间睡眠。

体重较轻的宝宝和早产儿，需要更多的睡眠，两餐之间也更容易熟睡。

体重较重的宝宝，每天清醒的时候会较长，可能达 1 个小时，并且一天之内至少有一次可以睡上四五个小时。

在满 1 个月之后，大多数吃睡状况良好、体重稳定增加的宝宝，两餐之间睡觉的时间可以延长到五六个小时。

问：怎么才能把宝宝睡得较长的时段确定在晚上，而不是白天？

答：照着我的作息法去实行，让宝宝每天早上 7:00 起床开始他的一天，这样，在晚上 11:00 之前，你就有足够的时间，让他喝完一天应该喝的奶量。

想办法在早 7:00 到晚 7:00 之间，让宝宝保持 6～8 个小时的清醒时间。

尽量让宝宝在白天有两个钟头的时间完全用来玩耍或认识人。只要他能够在早晚 7:00 之间的 12 个小时内醒上 8 个钟头，他在夜里的睡觉时间就可能长一些。

要让宝宝明白睡觉时间和清醒时间的区别。在刚刚出生的那几周，不管白天还是夜晚，都把宝宝放在黑暗且安静的房间内睡觉。

在早 7：00 到晚 7：00 的小睡中，不要和宝宝说太多的话，也尽量不要逗弄他，否则他们会因过度兴奋而无法入睡。

问：我家宝宝 1 个月大，虽然我很想遵循你的作息规范，但是大多数时候，吃完了奶后他顶多能撑 1 小时，接着又睡了。我是不是该把他清醒的时间拖得长一点？

答：如果宝宝的进食状况良好，体重稳定增加，两餐之间的睡眠状况也不错，白天醒着的时候很精神，那你就不必担心，他应该只是一个爱睡觉的宝宝而已。

如果宝宝晚上醒来超过两次，或者即使晚上那顿吃得非常好，夜里醒来还是 1 个小时不睡，你就要在白天多刺激他刺激他，帮他消耗点精力，这样晚上才能睡得好一些。

晚上 11：00 的那一餐，一定要尽量保持安静。一般而言，一个不到 3 个月的宝宝在吃这一顿的时候，至少需要保持 45 分钟的清醒状态。如果宝宝这时吃得半醒半睡，那很可能会导致他凌晨两三点钟就醒来折腾你。

如果你已经按照我的作息规范，合理安排宝宝早上 7：00 到晚上 11：00 的进餐和睡觉，那么如果他的睡觉时间开始减少，也是正常的现象，毕竟他已经 1 个月大了。

问：你设定的作息看起来太严格了。如果我带我 1 个月大的宝宝出门，结果我推着他走路的时候，他在婴儿车里睡着了，这是不是意味着他睡得太多了？

答：在宝宝刚出生的几个月里，他是不是能够依照我的作息表生活，最大的关键在于必须严守喂食的时间。

在两个月大的时候，对于大部分宝宝而言，一次进餐之后就能坚持更长时间不睡，吃奶的速度也会更快。这个时候，如果带他外出，就会轻松多了。

在宝宝刚出生的头两个月，你会发现每次带他出去，他总是很容易睡着。但到了两个月以后，你就会发现，他每次出门，不管是坐在婴儿车里还是安全座椅里，清醒的时间都会变得更长。

问：我的宝宝也是 1 个月大，最近总是在晚上 9:00 突然醒来，然后给他喂完奶之后，凌晨 1:00 和 5:00 又会醒来。我尝试着哄他哄到晚上 10:30，可那个时候宝宝实在太困了，也吃不好奶。但是凌晨 5:00 起床又太早了，我该怎么办？

答：在宝宝 1 个月大左右的时候，浅层次睡眠和深层次睡眠的界线开始分明。我发现，大多数宝宝在晚上 9:00 左右，都会进入一种浅层次睡眠状态，这时候他们会很容易被吵醒。妈妈们要尽量保证卧室周围环境的安静，避免突然的噪音，同时最好不要让宝宝听到你的声音。

晚上 6:00 吃完奶之后，母乳宝宝或许需要喝一瓶挤出来的母乳。

如果你得在晚上 9:00 给宝宝喂奶，那可以先用一侧乳房喂，或者给他喝几十毫升奶粉就好，然后重新安顿他睡下，尽量把 10:30 那一餐推后到 11:30。那样，他在 11:30 那一餐就可以吃饱些，有可能能撑到凌晨 3:30 再吃。

你也可以把一餐分两次喂他。晚上 9:30 给他喂完奶之后，先别让他睡觉，等到 10:30 再给他喂一次奶。

问：我都是在晚上 10:30，把我两个半月大的宝宝叫醒喝奶，但是他每次只能喝 90 ～ 120 毫升，然后到了凌晨 4:00 又醒来要吃奶，所以我是不是可以把晚上最后那一餐取消，看他能不能坚持到凌晨 4:00 再吃下一餐？

答：我并不建议把这一顿取消，因为这样的话，你宝宝可能会在凌晨1：00—5：00之间起来吃两次奶，这相当于后半夜宝宝要醒来两次。我发现，最好的办法还是让宝宝睡到第二天早上7：00，然后等他大到可以把晚上最后一餐取消之前，给他喂一些固体食物。当然，这种做法适合6个月以上的宝宝。

检查看宝宝的衣服是否穿好，被子是否披好。有时候宝宝在浅睡的阶段，会因为衣服没穿好，或是被子没盖好，到处翻滚，导致完全清醒。通常来说，如果宝宝不是因为这样才醒的话，我都会让他自己先玩个5～10分钟，再去看他，给他喂点水。如果他喝了水就没事了，那他晚上10：30那一餐不吃就比较没关系，而且他已经两个半月大了，每一顿都比从前喝得多，因此，晚上少一餐没什么影响。但如果他喝了水还是安静不下来，那我会给他好好喂一顿奶，几个礼拜后再试试用开水代替奶水。

为了让宝宝在晚上最后一餐吃得多一些，晚上睡的时间久一些，你可以把这餐分成两次来喂。但这样的话，你最好在晚上9：45左右就把宝宝叫醒，让他晚上10：00那一餐保持完全清醒，想吃多少就给他喂多少，然后把他放在地垫上，让他好好折腾一会儿。到11：00的时候，你再把他带回卧室，给他换尿布，再喂他一次奶。如果是奶粉喂养的宝宝，我建议妈妈们喂第二次的时候，最好重新冲泡奶粉。

问：我朋友的宝宝3个月大，白天他的父母并没有特别安排他的作息，但他晚上仍然睡得很好，而且我看他过得很快乐，所以，我有点怀疑有没有必要控制白天的睡眠？

答：最新的研究显示，小孩两岁前，如果能在白天适当地睡一下，对他的心理和生理都会有帮助。

很多婴儿在出生后的最初几个月，都很容易就能在安全座椅或睡篮里睡着，他们的父母都觉得这样子很好，因为宝宝睡得好，他们也会轻松一些。但是，当宝宝再大一点，活动力也大了，他就不会喜欢睡在安全座椅里了，这时候你要把他放在床上让他乖乖睡觉，就没那么容易了。

大多数宝宝即使是在汽车安全座椅里睡觉，也睡不了太长时间，还不容易熟睡，这反倒让他们养成了一种习惯，喜欢在白天打瞌睡。直接导致的后果就是，他们总是休息不够、疲倦而且烦躁。

问：我的宝宝6个月大，他在上午只睡45分钟，午餐吃两个小时，饭后再睡一个小时就不肯睡了。下午他也不睡，以至于一整个下午他都因为精神不好而烦躁不安，然后晚上6∶00他就扛不住了，一定要睡。所以，他早晨醒来的时间愈来愈早，怎么办呢？

答：看看他是不是被正在玩的大孩子打扰到了，还是说家里有吸尘器的噪音吵到他。确定他睡觉时房间很暗，而且衣服被子都有穿好盖好。

让他白天的时候多活动。宝宝在这个年纪应该多花时间在地板上爬爬、玩耍、踢腿。

早上9∶00前不要让他睡觉，以3天为单位，每次让他一天中少睡10分钟，到最后让他上午每次睡不超过20～25分钟。

问：你认为宝宝多大的时候，白天可以不用让他睡觉？

答：我的经验是，如果至少在宝宝两岁大之前，都能规律地控制他的睡眠，那对宝宝会帮助很大。当他们大一点的时候，他们在白天就不用睡了，但这段白天安静的睡眠时段，对正在学步的小孩和妈妈是很珍贵的。

通常来说，小婴儿每天白天都应该睡上三觉，最好的组合是两个短觉，一个长觉。到了4～6个月大的时候，傍晚的那一觉可以缩短时间，最后把这一觉去掉，直到晚上上床。

　　宝宝在一岁三个月到一岁半大的时候，白天可能会再减掉一顿睡眠。减掉的这次睡眠应该是在上午。

　　如果他下午不睡，但上午一睡睡两个钟头，那他到了下午 6：00 就已经筋疲力竭了，这样他会在 7:00 的时候睡得很沉，并且第二天很可能会太早起床。

7

确立宝宝第1年
的作息规范

The New Contented
Little Baby Book

为了确保每个宝宝的需求都能得到合理的满足，我在制定 1 岁之前宝宝的作息规范时，前前后后调整了不下 10 次，关于什么时候给宝宝喂奶，什么时候让宝宝睡觉，都做过多次变动。在尝试我的作息法之前，你要仔细阅读前面两章关于喂奶和睡眠的内容，这会帮助你最大限度地发挥作息规范的作用，同时也能让宝宝拥有良好的吃奶和睡眠习惯，快乐地成长。

宝宝出生后，在他们还没恢复到出生时的体重，并且两餐之间清醒的时间还比较短的时候，你要遵照书中关于新生儿作息的部分去做，之后才可以转入到第一阶段的作息中。慢慢地，随着宝宝越来越大，他们两餐之间的间隔也越来越长，你就可以继续转入下一个阶段。

当然，如果你的宝宝不能适应他们对应月龄的作息也没有关系，你不用担心，只要遵循他们舒适的那种作息去做就可以了。一旦他们出现了类似"各方面发展正常，两餐间隔拉长，清醒的时间也越来越久"的迹象，你就可以放心地转入下一阶段。

如果是比较大的宝宝，本身已经有了一定的饮食和睡眠习惯，要想让他们尽快适应我的作息法，妈妈就需要仔细看看我所制定的各个阶段的作息，其中有哪个阶段和你宝宝现有的作息习惯最为接近。可以慢慢尝试不同的作息规范，选择出与宝宝月龄相适应的那一种，然后从这个作息规划入手。适应一段时间之后，如果宝宝很快可以愉快地吃奶，睡眠状况也良好，那么就可以放心地转入下一个作息规范了。

关于喂奶问题

有一点非常重要，宝宝一天当中大多数吃奶的时间，都应该尽可能地保持清醒。为了不让他们晚上吃过多的奶，妈妈们应该想办法让他们在白天养成规律的饮食习惯。这一点我曾在前面多次提起，要想保证妈妈的奶水充足，从宝宝刚生来的第一天开始，就应该少食多餐地喂养他们。事实上，我的作息法之所以会成功，很大一部分原因就是，它抓住了妈妈们下奶的最佳时间，即便宝宝睡着了，我也鼓励妈妈们把宝宝叫醒起来喂奶，而不是任由他们想睡多久睡多久，睡醒了再吃。

通常来说，我建议在出生早期，就给宝宝确立"**每3小时喂一次奶**"的习惯。这三小时，是从上一餐喂奶的时间到下一餐喂奶的时间来计算的。当然，**如果你的宝宝还没到3小时就想吃奶，那也应该让他吃**；但如果他是在刚吃完奶不久就又要吃奶，那妈妈们可能需要再找找其他原因。

只有当宝宝恢复了出生时的体重，并且保持稳定增长，两餐之间也可以愉快地度过较长时间了，我才会建议妈妈们延长下一餐喂奶的时间。我始终认为，如果我们早一点合理安排给宝宝喂奶的时间和次数，宝宝们就不会通过哭闹来告诉妈妈他饿了，因为你已经提前了解了宝宝要吃多少奶，什么时候吃。

与此同时，你要在一开始的时候，就想办法让宝宝把吃奶、睡觉和游戏的时间区分开。吃奶的时候就专心吃奶，不要有太多的眼神交流，也不要说太多的话，给他造成过度刺激，否则，他很可能喝了一点就不再喝了，导致后面很难入睡。同样，喂奶的时候，妈妈也不要长时间打电话。

在宝宝很小的时候，你也要特别留意抱他的姿势，正确的哺乳姿势对妈妈和宝宝都很重要，可以让宝宝很舒服地进食。如果你不知道什么是正确的姿势，也可以向有经验的哺乳顾问请教。宝宝吃奶的时候，不要逗弄他，也不要不自觉地轻轻摇晃，因为他会搞不清楚，以为是要睡觉了，而且边吃边睡很容易把奶吐出来，对他们的进食质量会有很大的影响。

我的作息规范的目的就在于，在宝宝奶量增加的同时，合理安排好

每天白天吃奶和睡觉的时间。 这样可以尽可能保证，在身体和精神状况允许的前提下，宝宝的最长睡眠时段是在夜里而不是白天。

关于睡眠问题

足够的睡眠对于宝宝的身体和智力发育非常重要。睡眠时间不足，会导致宝宝爱哭闹、身体不适，也会导致吃奶效率降低，睡眠质量下降。我之前提到，在新生儿阶段，宝宝们最多只会清醒 2 个小时左右，如果超过了这个时间，他们下一觉可能会很困，睡的时间也更长。这样导致的一串连锁反应就是，作息规律被扰乱，宝宝们晚上的睡眠质量也跟着受影响。因此，你要合理控制宝宝的清醒时间，这样喂奶和睡眠时间就不会出错。但是对于新生儿来说，喂完奶之后只能清醒 1 个小时，或是有的宝宝需要更多睡眠，这些都是很正常的现象，妈妈们不要太过担心。

那么如何判断一个宝宝是不是贪睡？我认为，只要看看他夜里的睡眠情况就可以。如果你的宝宝白天每次只能清醒 1 小时，晚上睡眠状况也不差，吃完了就入睡，那么基本可以判定他只是需要更多的睡眠而已。这时候，你只需给他创造相应的条件，就可以很轻易地将他清醒的时间拉长。

但如果你的宝宝白天每次只能清醒 1 个小时，夜里却不怎么睡，那他很可能就是日夜颠倒了。这种情况下，你只能试着缩短宝宝白天的睡眠时间：清醒的时候，让他多待在光线充足、正常的生活环境中，等到他睡觉的时间，再把他放回安静、灰暗的房间里。这是我认为最有效的方法，通过这样的对比，帮助他了解什么时候是睡觉时间，什么时候是玩耍时间，让他把喂奶、玩耍和睡眠区分开来。正因如此，我才说要从出生的第一天起，就给宝宝建立正确的睡眠联想，并把最长的睡眠时间控制在晚上，而不是白天。

通常来说，宝宝在一天的某些时段，很容易就能清醒 2 个小时以上，而有些时段只撑了 1 小时就困了。这在新生儿阶段是非常正常的现象。

要想让你的宝宝养成健康的睡眠习惯，你还应该遵守以下原则：

★ 白天喂完奶后，让宝宝清醒一小会儿。

★ 临近傍晚时，不要让宝宝睡得太久。

★ 下午 3：15 之后，不要再给宝宝喂奶，否则会推后下一次喂奶的时间。

★ 每天晚上都要遵循相同的作息规范。在宝宝快要入睡时，保持绝对的安静，不要让访客打扰了宝宝的作息。

★ 不要让宝宝太疲累。至少留出 1 个小时，让他洗澡、吃奶，并放松下来。

★ 洗澡之后，不要过度刺激宝宝，也不要逗弄他。

★ 不要摇睡。在宝宝入睡之前，把他放在小床上，让他自己入睡。

★ 如果你是用安抚奶嘴哄宝宝入睡，那么在把宝宝放到床上之前，要先把安抚奶嘴拿掉。

关于游戏时间

所有的宝宝都喜欢被人抱着，喜欢有人和他讲话，唱歌给他听。研究发现，即使是很小的婴儿，也很喜欢看简单的故事书，玩些有趣的玩具。如果你的宝宝也喜欢这些东西，就可以在合适的时间给他把玩一会儿。比如，在他睡醒以后，也吃完了奶，这时候你就可以给他一些书和玩具。但是，一定不要在他下一觉睡前过多地逗弄他，给他过度的刺激，那样势必会影响宝宝的睡眠。你可以想象一下，如果换作是你，在刚刚快要入睡的时候，突然有人走进房间，跟你说说笑笑，你会怎么样？肯定不高兴吧。同理，宝宝入睡之前也需要安静的环境，这一点很重要。

你还可以专门研究一下宝宝的床头玩具。不管是玩具还是故事书，你都要分门别类，比如哪些是宝宝清醒时玩的，哪些是宝宝睡前玩的。音乐床铃、鲜艳的游戏毯以及黑白相间的床头书，都可以很好地在短时间内让宝宝集中注意力；那些带有简单物体和脸孔图像的图片卡和画报，对亲子间的互动也很有帮助。但是，以上这些只有在宝宝清醒的状态下，与他人互动的时候，才可以拿出来把玩。当宝宝快要睡觉的时候，你只需要给他两三件安抚性质的玩具就可以了。

正常来说，宝宝的专注力都很短暂。当他们在和他人相处的时候，如果有人和他们不停地说话，或者不同的人来回抱他，就会对他产生过度的刺激。这时，你要格外留意宝宝的状态，看看他对外界刺激的承受力是多少。我鼓励所有宝宝，无论多小，都尽可能地自己玩一会儿。当他们被放到游戏垫或小床上的时候，更应该自由地活动，因为这种情况下他们相对安全，可以随意地乱动，而不至于像被抱着的时候一样各种受限。

关于抱宝宝

每个宝宝都需要被人抱，但你要在宝宝需要抱的时候才抱他，而不是你想抱就抱。虽然宝宝都很喜欢搂抱，也需要被呵护，但他们毕竟不是玩具，也不是宠物，妈妈们不应该因为自己喜欢，而过分亲昵他们，却忽略了宝宝自己是否真的有这个需求。

还有一点很重要。当你抱着宝宝的时候，要能够区分，宝宝是想要有人跟他玩，还是开始想睡觉。当他想睡觉的时候他不会看着你，而且，他的身体会很放松。这时，如果你抱着他，不要和他说话，也不要有眼神交流，因为这样会对他造成过度刺激，让他难以入睡。在这样的时刻，你只需尽情地享受温馨的亲子时光。

如何把握喂奶时间

对于新生儿来说，无论是母乳喂养还是人工喂养，都很难养成4小时一用餐的规律。这种模式不能满足所有宝宝的不同需求，正因如此，我才建议宝宝刚出生那一段时间要每三小时喂一次。

你要注意，两次喂奶之间的3小时间隔是这样计算的：从上次喂奶开始到下次喂奶开始。如果你在早上7：00就给宝宝喂过奶，下一次喂奶时间就应该在上午10：00。但是，如果你的宝宝还没到下一次喂奶的时间就饿了，那你还是应该给他喂奶。但这种情况，我会建议你试着找找他在上一餐没有吃饱的原因。如果是母乳喂养，就延长他吃另一侧乳房的时间；如果是吃奶粉的宝宝，那可能需要再多喂他一些奶。

只有当宝宝恢复到出生体重，并稳步增长的时候，才能把两次喂奶的间隔延长至3～4个小时。当然，要达到这样程度，前提是你的宝宝从一生下来就执行我的作息方法，并且在我的作息规范建议的时间内饮食状况良好。如果宝宝出生早期，你就合理规划进餐方式，他就可以做到每三小时喂一次奶，有时还可以每四小时喂一次。在他两周到一个月大的时候，你会发现他的两餐间隔时间逐步增长，很自然地，他慢慢就能够从晚上11：00直接睡到早上7：00。

如果你的宝宝过去一直都是按需喂养，想吃就吃，而你又想尽快给他确立一种作息规范，那么我建议你在我的所有作息规范中，选择其中与宝宝进餐模式最为接近的一种。比如，你的宝宝2个月大，但他的用餐模式与我的作息规范中2～4周的时间安排最为接近，那么你就应该从这个作息规范入手，让宝宝先开始适应。当他可以愉快地接受这种作息规范之后，你应该在7～10天之内采用接下来的两种作息规范。等到第 12 周，你的宝宝完全可以遵循相应月龄的作息规范吃奶了，就代表他很愉快地接受了这种安排。但距离他一觉睡到天亮还有一段时日，这时候对你而言最重要的是，怎么做到在为期几周的时间内，让他每天夜里只需吃一顿奶，并逐渐延长宝宝最后一次吃完奶后的睡眠时间。如果宝宝夜里睡眠的时间开始延长，你就要留心安排他每天吃奶的次数，这一点很重要。因为，如果你一直严格地执行我的作息规范的话，会发现一些环节有可能会出差错。这时候你一定记住，**我的作息法最关键的一点在于灵活**。如果你的宝宝无法完全照我写的时间进食，那我建议你照他的成长阶段灵活调整作息。千万不要在宝宝体力不支的情况下，强迫他在两餐之间保持清醒状态，这对宝宝的成长没有好处。

下面节选了一位妈妈的日记，她的宝宝 5 周大，正好做到 4 个小时进食一次。看看她的记录你就会明白宝宝的作息很容易被搞乱，一旦宝宝晚上睡太久，即使严守 4 小时喂一次的原则，第二天的作息还是变得一团糟。

周二	凌晨3：00	早上7：00	上午11：00	下午3：00	晚上7：00	夜里11：00
周三	凌晨3：00	早上7：00	上午11：00	下午3：00	晚上7：00	夜里11：00
周四	凌晨4：00	早上8：00	上午12：00	下午4：00	晚上8：00	夜里12：00
周五	凌晨5：00	早上9：00	下午1：00	下午5：00	晚上9：00	夜里11：00
周六	凌晨2：00	早上6：00	上午10：00	下午2：00	晚上6：00	夜里10：00
周日	凌晨2：00	早上6：00	上午10：00	下午2：00	晚上6：00	夜里10：00

从喂奶的时间可以看出来，这个宝宝的作息从周四开始便失去了规律，妈妈想让他回到原来的作息，所以，在周五晚上 11:00 又把他叫起来吃奶。但是，这位妈妈并没有成功，因为宝宝晚上 9:00 才刚吃饱，晚上 11:00 还没饿，只能吃下一点点奶，导致凌晨 2:00 宝宝不得不醒

来吵着吃奶，这样等于又回到了夜间频繁吃奶的模式。即便这位妈妈想在晚上9:00那一顿让宝宝少吃些，宝宝也不见得会配合。而9:00吃，11：00又吃，就意味着宝宝大概只睡了1个小时，这时候把他叫醒来吃奶，他肯定很累很困，吃奶的情况自然也不会太好。

正如我以前提到的那样，如果想让宝宝遵守一定的作息规范，最简单的方法就是早上7：00一定要叫他起床。如果他早上五六点钟就醒了，那也应该在7：00—7：30的时候给他加餐一次。这样可以让他的进食和睡眠都遵循一定的规律，也可以确保晚上7：00按时上床睡觉。

只要身体状况允许，下面的建议可以保证宝宝一觉睡到天亮，同时为添加固体食物和断奶做好准备。

如何规范宝宝的用餐时间

早上6：00—7：00 的喂奶

★ 由于宝宝在夜里吃奶的时间不同，他可能会在早上六七点醒来，但无论如何，早上7：00都要把他叫醒。记住，要想让宝宝一觉睡到天亮，就应该保证在他们身体状况允许的条件下，每天增加食量，并且一天吃奶的时间控制在早上7：00到晚上11：00之间。

★ 无论是母乳宝宝还是奶瓶喂养的宝宝，养成良好作息习惯的唯一方法就是早上7：00把他叫醒，开始一天的生活。一旦宝宝可以一觉睡到天亮，那么早上7：00那一餐通常会是他最饿，也吃得最多的一餐。

★ 对于那些处于猛长期的宝宝，如果是母乳喂养的话，妈妈们应该适当将喂奶的时间延长，确保宝宝吃得足够饱，以满足他们不断增长的营养需求。如果你习惯在喂奶之前先挤奶，那么，这段时间你可以每次少挤30毫升，先保证宝宝能够吃饱；如果你一直没有挤奶的习惯，那就应该在依照相应月龄的进食规范给宝宝喂奶的同时，在白天某个小觉之前，给他加喂一顿，这样有助于刺激乳汁分泌，坚持一周左右，你的奶水会明显增加。如果宝宝白天的小觉睡眠质量很好，并且不会很快就惦记下一顿吃奶，那么，你就可以逐渐缩短给宝宝加餐的时间，直到恢复最开始的进餐计划。同样，对于喝奶粉的宝宝，如果他们进入快速生长期，也可以多喂他们30毫升奶水。

6～7个月

★ 如果宝宝早餐已经能够吃固体食物，比如麦片、水果或是小面包片的话，那你就应该逐步减少每一顿奶的摄入量，把他这时期每顿240毫升的奶分成两半，一半放在奶瓶里喝，一半和着麦片吃。早晨的这一餐先给他喝奶瓶再吃麦片。

★ 如果你还在给他吃母乳，那就先喂他吃一边奶，然后喂他一些固体食物，接着再给他吃另一边的奶。要注意，为了不影响宝宝正常吃奶，不要给他们吃太多的固体食物。

★ 宝宝在这时期，一天仍然需要摄入至少600毫升的奶量，包括泡在麦片里的，以及和其他固体食物一起进食的部分，把一天的奶量分成3～4顿来喂宝宝。

7～10个月

★ 如果宝宝不排斥，可以尽量鼓励他们用水杯喝奶。这一餐先让他喝150～180毫升奶，再让他吃一些麦片，接着把剩下的奶水喝完。

★ 宝宝每餐至少要喝180～240毫升奶水，这些奶水可以分两种形式，一种盛在水杯里，一种混在麦片当中。

★ 如果你还是用母乳喂宝宝，可以先喂他吃一边奶，然后喂他吃固体食物，接着再给他喂另一边。

★ 宝宝一天至少需要 500 毫升的奶量，包括饭和早餐麦片中添加的奶水，这些奶水可以分 2 ~ 3 次喂给他。

上午 10：00—11：00 的喂奶

★ 通常来说，在新生儿阶段，大部分早上六七点钟吃过奶的宝宝，都会在上午 10：00 左右醒来找奶吃。如果这个时候宝宝还没有醒，或者他不想喝奶，妈妈们也要把他叫醒，以确保他在白天的进食可以遵循一定规律。这样在夜里 11：00 到早上 7：00 之间，他就只需要再吃一次奶就够了，吃完了再继续睡。

★ 对于很多很小的宝宝，他们可能会在白天两餐之间一口气睡上 1h 四五个钟头。这很容易在很短的时间之内，让他们养成夜里多次醒来吃奶的情况，因为他们白天没有吃够，只能通过晚上来补充白天的营养需求。与此同时，宝宝也更容易有脱水的风险。

★ 对于母乳妈妈来说，如果在宝宝刚出生那几周，白天的喂奶次数太少，会不利于乳汁分泌。而夜里多次起来喂奶，也会令妈妈们身心疲惫，进一步导致乳汁分泌量下降。

★ 当宝宝到了一个半月大的时候，如果早上 7：00 吃过奶，那么上午 10：00 那一顿奶就可以慢慢地推迟到 10：30。但是，如果宝宝早上 5：00—6：00 吃过奶，7：30 又加餐了一次，那么上午 10：00 那一顿，还是要继续喂给他们吃。

★ 如果宝宝能一觉睡到天亮，或是夜里吃奶很少，那么早上 6：45—7：00 的那一餐，应该会是他一天吃奶量最多的一次。如果这一餐他吃得很好，那他应该能很轻松地撑到 11：00 再吃。如果在这之前，他不想吃而你却硬要喂，结果可能会适得其反，造成宝宝午睡质量下降，同时产生连锁反应，导致他们后面的进食和睡眠时间提前，第二天可能 6：00 或者更早就醒了。

★ 对于处于猛长期的宝宝，这一顿可以给他们适当地增加奶量。

6 ~ 7 个月

★ 如果宝宝已经开始吃早餐，你可以把喂奶时间逐渐延后到上午11：30—12：00。这时候一天三餐的模式基本就成形了。在这个阶段应该用果汁和温开水代替奶水，当然，果汁和水应该盛在水杯中给他喝。

★ 循序渐进，在宝宝增加固体食物摄入量的同时，逐渐减少他的奶量。

7 个月之前

★ 当宝宝饮食正常，午餐也能摄入足够的蛋白质时，你就可以把这一餐的牛奶改为水或稀释的果汁，放在杯子里让宝宝喝。这是因为，奶粉和蛋白质食物如果同时摄入的话，会减少身体对铁元素的吸收，最多时可能减少 50%。

★ 在他喝任何液体前，先让他把大部分的固体食物吃完，否则他的肚子里全是水，就吃不下其他的固体食物了。

下午 2：30 的喂奶

★ 对于刚出生没几个月的宝宝，我建议他们在这一餐少吃一点，这样下午 5：00—6：15 那一餐，宝宝就会吃得很好。如果因为某种原因，宝宝在上午 10：00 那一餐没有吃好，又或是他们中午没有睡好，不得不提前喂奶，并在 2：30 加餐一次，那么，你一定要记得把他们在这一天没喝够的奶量，在一餐补齐，保证他们每天摄入的奶量维持不变。

★ 如果宝宝很饿，每次喂奶都能空瓶，在不影响下次吃奶的前提下，可以不减少这一餐的奶量，让他正常吃，吃饱就好。

★ 对于母乳宝宝，如果他吃完这一餐后撑不到 6：00 就饿了，那就可以在喂这一餐的时候，让他再多吃吃另一边的奶。

8 个月之前

★ 如果宝宝一天三餐可以摄入足量的固体食物，午餐那一顿奶又可以用稀释的果汁或凉开水代替，那么这一餐你就可以让他多吃一点奶，这样他才能把一天该喝的奶量在三餐中喝完。

★ 在这个阶段，宝宝每天至少要摄入 500 ~ 600 毫升的奶，包含早晨泡在麦片里的奶，以及添加在其他食物当中的乳品。

9 ~ 12 个月

★ 对于喝奶瓶的宝宝而言，这个阶段应把奶水盛放在水杯里面让他喝，自然而然地减少他的奶水摄入量。

★ 如果宝宝开始对早餐或晚餐的喂奶失去兴趣，那么你可以适当减少这一餐的奶量。如果他一天摄取的总奶量（包括和在食物中一起煮的、泡麦片的）有 540 毫升，同时也很均匀地摄取了固体食物，那么这次喂奶就可以取消。

★ 在 1 岁之前，宝宝每天至少需要摄入 350 毫升奶水，包含早晨泡在麦片里的奶，以及添加在其他食物当中的乳品。

晚上 6：00—7：00 的喂奶

★ 如果你想让宝宝在晚上 7：00—11：00 入睡，那这一顿奶一定要好好吃。

★ 下午 3：15 以后不要给宝宝喂奶，因为这样会影响他下一餐的胃口。不喂的话，到了六七点时，宝宝就会很饿，也会吃得好。

★ 我建议，在宝宝头出生那几周，这一餐应该分两次给宝宝喂，分别是下午 5：00 和 6：15，这样给他洗澡时，就不会过于忙乱。如果宝宝连续两周都能一觉睡到天亮，下午 5：00 就可以不用喂奶。但如果宝宝都没怎么睡过整觉，那我还是建议在这一餐分两次喂，因为下午 6：15 奶水摄入量过多，会影响宝宝最后一餐的进食，进而造成早醒。我照顾过的许多宝宝，一直到他们加固体食物之前，都是分两次喂的奶，这样可以保证他们白天摄入足够的奶水。如果你下午 5：00 不给他喂奶，而是在他洗完澡之后，让他饱餐一顿，那么，宝宝最后一餐的奶水摄入量必然会骤减，进而引发一系列问题，例如宝宝早醒。

★ 母乳宝宝如果晚上 7：00 喂完奶还无法入睡，那就可以用挤出的母乳给他加餐一次，因为这时候的母乳分泌量比一天中的其他时候都会低。

4 ~ 5 个月

★ 如果宝宝已经开始添加固体食物了，你也应该先让他喝完大部分的奶，再吃固体食物。因为对于这个月龄的宝宝而言，奶水仍然是最大的营养源。

★ 在这个月龄段，大部分宝宝都能吃光妈妈的一侧乳房，或是一瓶冲好的奶粉。

★ 如果你已经准备开始给宝宝断奶，并且你也发现，让宝宝吃完所有的奶再吃固体食物比较困难，那就可以适当调整一下用餐时间。在下午 5：30，先让他喝三分之二的奶，再喂他吃一些固体食物；把洗澡的时间推迟到下午 6：25，洗完澡之后，再让他喝完剩余的奶。如果你是用奶瓶喂奶，那么我建议你准备两个奶瓶，随时保证奶水的新鲜。

★ 母乳宝宝在 5 个月大以后，正处于断奶阶段。如果他晚上 10：30 之前就醒了，那说明他可能在这一餐没有吃好。这种情况下，我通常会建议妈妈们，在下午 5：30 先让宝宝吃完一边的奶，再吃一些固体食物；等下午 6：15 给他洗完澡，再用母乳或者配方奶给他加餐一次。对于还没有断奶的宝宝，在下午 5：00—6：15 之间，可能仍需要分两次喂奶，直到宝宝适应固体食物为止。

6 ~ 7 个月

★ 大部分宝宝在下午 5：00 都会吃一些小点心，再吃一顿饱饱的奶。一旦他已经适应固体食物，夜里不再吃奶，很可能发生的情况就是，宝宝会开始出现早醒；这种情况下，我建议你用挤出的奶水给他加餐一次，确保宝宝晚上 7：00 准时入睡，并一觉睡到天亮。

10 ~ 12 个月

★ 在宝宝 10 个月大时，试着鼓励他用杯子代替奶瓶来喝牛奶，这样到他满 1 岁的时候，就会愿意在晚上的这一餐用杯子喝牛奶。超过 1 周岁的宝宝，如果继续用奶瓶喂奶，更容易出现饮食问题，因为他们会继续大量吃奶，而减弱对固体食物的欲望。

晚上 10：00—11：00 的喂奶

★ 我强烈建议那些母乳妈妈，在宝宝出生两周内，用挤出来的母乳或是冲泡好的配方奶，来给宝宝喂这最后一餐。这样妈妈们就可以趁机休息，让老公或者其他护理人员帮忙给宝宝喂奶，同时这样也可以避免日后宝宝可能出现拒绝吃奶瓶的问题。

★ 不满 3 个月且完全用母乳喂养的宝宝，如果在凌晨两三点时醒来，并且夜里不停地吃奶，那说明他很可能是这一餐没有吃好。因为每天这个时候，是母乳分泌量最低的时候。这种情况下，你可以用事先挤出的母乳或者是冲好的配方奶来给他加餐。但是有一点切记，一定要保证宝宝把两边乳房里的奶水都吃完以后，再给他用奶瓶加餐。

★ 对于奶瓶喂养的宝宝，就更好判断他在这一餐有没有吃饱了。如果你在宝宝成长期间一直持续增加他白天的奶水摄入量，那他可能这顿奶水摄入量都不需要增加，只要维持原来的 180 毫升的量就可以了。但是对于一些出生体重达 4.5 千克的宝宝，在这个阶段可能需要摄入更多的奶水，直到他们适应固体食物为止。

3～4个月

★ 如果宝宝在晚上 11：00 吃完这一餐后，至少连续两周都能一觉睡到早上 7：00，那我会建议你每隔 3 天把这一餐提前 10 分钟，直到宝宝可以从晚上 10：00 点睡到早上 6：45—7：00。

★ 如果宝宝完全吃母乳，夜里也用挤出来的母乳加餐，但还是出现早醒的现象，那你就可以试试把这一餐母乳换成配方奶来喂宝宝。大部分喝配方奶的宝宝一餐都要喝 210～240 毫升的奶，一天喝 4～5 次。

★ 对于喝配方奶的宝宝，如果他们在这个月龄段还是睡眠质量不佳，那妈妈们就可以在睡前这一餐再给宝宝多喂一些。虽然这么做会导致他们第二天早上的吃奶量减少，但总体来说，还是利大于弊。

★ 有些宝宝在三四个月大时干脆就拒绝喝这一餐，这种情况妈妈们可以自己判断，如果你的宝宝一天的奶水摄入量达到 600 毫升，那你就可以直接把这一顿停掉。但是，如果你发现宝宝又开始早醒，醒后 10 分钟还不能入睡，那就应该果断给宝宝喂奶，因为他饿了。你必须重启夜间的喂奶，直到宝宝断奶并开始添加固体食物。

★ 如果宝宝在夜里醒来两次（例如凌晨 2：00 和 5：00），或者不到凌晨 5：00 就醒了，那就可以尝试在晚上 9：45 把他叫醒喂奶。先打开所有的灯，再换换尿不湿，或者把他放在游戏垫上活动活动，让他完全清醒，然后在 10：00 之前给他喂奶。喂完之后，尽量让他撑到晚上 11：00，再给他加餐一次，这样就可以使他在夜里只醒来一次。一旦这种模式固定下来，宝宝夜里逐渐可以睡较长时间，你就可以慢慢地把最后一餐向前推到晚上 10：55 甚至 10：00。

4 ～ 7个月

★ 对于这个月龄段的宝宝来说，如果他们早上 7：00 到晚上 11：00 之间摄入的奶水量达到一日所需，那他们大多都可以在最后一餐后一觉睡到天亮。

★ 在断奶之前，完全母乳喂养的宝宝一般可以一觉睡到凌晨 5：00。

★ 如果宝宝已经断奶，并且一天三顿的固体食物规律已经确定下来，那么晚上 10：00—11：00 这一顿，他的奶量自然而然就会减少。具体减少多少，还要取决于 6 ～ 7 个月的宝宝每餐要吃多少固体食物。如果宝宝在 6 个月之前已经断母乳，到这个月龄段时，你就会发现他可以很轻松而迅速地停掉这次喂奶。在未满 6 个月时，如果宝宝没有开始加固体食物，那他就需要继续吃这一顿奶，直到第 7 个月添加固体食物为止。宝宝 7 个月大时，如果白天摄入了足够的奶水和固体食物，应该慢慢减少这一餐的奶水摄入量，进而逐步停掉这次喂奶。

凌晨 2：00—3：00 的喂奶

★ 新生儿通常应该少吃多餐。在刚出生后的头几周，白天两次喂奶的间隔不要超过 3 个小时，晚上不要超过 4 个小时。3 小时间隔的计算方法，是从上一次喂奶开始到下一次喂奶开始。

★ 如果宝宝恢复了出生时的体重，就可以采用第 2 周到第 4 周的作息规范。如果他在晚上 10：00—11：00 的吃奶状况良好，就能睡到凌晨 2：00 点左右。

1 ～ 1.5 个月

★ 大部分出生时体重到达 3 千克，平均每周体重增加 180 ～ 240 克的宝宝，只要做到以下两点，就能在夜里两餐之间坚持更长的时间。

（1）在早上 7：00 到晚上 11：00 之间摄入每日所需的奶水，每日喂奶 5 次。

（2）在早上 7：00 点到晚上 7：00 之间，睡眠时间不超过 4.5 小时。

1.5 ~ 2 个月

★ 如果宝宝这时体重已达 4 千克，每周也在适度增加，并且每天最后一餐都进食良好，但还是会在凌晨两三点醒来，那我建议你给他喂些白开水，让他接着再睡。但如果你喂了白开水他还是不睡，那就需要给他喂奶。同时，建议你参照本书相关章节的内容，查找一下宝宝夜里无法长时间睡眠的原因。

★ 如果宝宝无法入睡，可能在凌晨 5：00 左右再次醒来，这时候你就可以让他吃一顿整餐奶，然后在早上 7：00—7：30 之间给他加餐一次。这样的话，他接下来的一天吃睡都会有一定规律。

★ 但是对于一些宝宝，7：00—7：30 的那顿加餐，可能并不能让他吃饱，也撑不到上午 10：45—11：00 那次喂奶。这时，妈妈就需要在上午 10：00 把那一餐一半的奶水量喂给他，然后在上午 10：45—11：00 之间，再让他吃完剩下的奶水。

★ 在午间短休之前，再给宝宝加餐一次，以确保他不会早醒。

3 ~ 4 个月

★ 这个月龄段的宝宝，如果每天早上 6：00 或 7：00 到晚 10：00 或 11：00 之间摄入了当天所需的奶水量，不论他们是吃母乳还是喝奶粉，都应该能在夜里睡很长一段时间。

★ 在早上 7：00—晚上 7：00 之间，宝宝睡眠的时间不应超过 3 小时。

★ 有些母乳宝宝最后一餐没有吃够的话，夜里就会狂吃奶，这样的情况，我会建议你考虑一下用挤出的母乳或者奶粉给他加餐，或者干脆用奶粉来代替最后一餐。

★ 不论母乳喂养还是人工喂养，只要宝宝体重增加正常，你也确信他是习惯性醒来；如果他不愿意喝温开水，就先等上 15 ~ 20 分钟再去看他。有些宝宝会哭闹一会儿，接着又睡着了。但是如果一连几晚他都不肯自己再睡回去，温开水不喝，只能喝奶才入睡，那就还是要喂他。但别忘了几个星期后再用之前的方法试试看，不喂奶，让他自己睡回去。

★ 这个月龄段的宝宝可能会因为踢被子而醒来。如果发生这样的情况，可以用两条卷好的盖布，塞在床垫和栏杆之间的空隙中，披紧，防止踢被。

4 ~ 5 个月

如果宝宝已经 5 个月大，还是会在夜里醒来，或许你需要坚持原有的作息规范，密切留意喂奶时间和白天睡眠时间的关系。如果有迹象表明宝宝可以断奶，你可以咨询一下医生，看看能否提前断奶。一般的建议是，在宝宝 6 个月就可以开始断奶。

宝宝第1年喂奶时刻表

2周~1个月	凌晨2：00—3：00　早上6：00—7：00　上午10：00—10：30 下午2：00—2：30　下午5：00　下午6：00—6：30 晚上10：00—11：00
1~1个半月	凌晨3：00—4：00　早上6：00—7：00　上午10：30—11：00 下午2：00—2：30　下午5：00　下午6：00—6：30 晚上10：00—11：00
1个半~2个月	凌晨4：00—5：00　早上7：30　上午10：45—11：00 下午2：00—2：30　下午6：00—6：30　晚上10：00—11：00
2~2个半月	凌晨5：00—6：00　早上7：30　上午11：00 下午2：00—2：30　下午6：00—6：30　晚上10：00—11：00
2个半~3个月	早上7：00　上午11：00　下午2：00—2：30 下午6：00—6：30　晚上10：00—11：00
3~4个月	早上7：00　上午11：00　下午2：00—2：30 下午6：00—6：30　晚上10：00—10：30

4～5个月	早上7：00　上午11：00　下午2：00—2：30 下午6：00—6：30　晚上10：00
5～6个月	早上7：00　上午11：30　下午2：00—2：30 下午6：00—6：30
6～7个月	早上7：00　下午2：00—2：30　下午6：00—6：30
7～8个月	早上7：00　下午2：00—2：30　下午6：00—6：30
8～9个月	早上7：00　下午2：00—2：30　下午6：00—6：30
9～10个月	早上7：00　下午5：00　下午6：30—7：00
10～12个月	早上7：00　下午5：00　下午6：30—7：00

白天的作息时间安排

　　我的作息法全部的目标就在于，保证妈妈喂奶的时间与宝宝日常的睡眠需求相契合。白天吃奶状况不好的宝宝，白天的睡眠质量也不会太好；而想要宝宝晚上睡得好，关键就在于合理分配宝宝白天的睡眠。如果宝宝白天睡太多，那么他们夜里就很可能频频醒来；如果宝宝白天睡太少，又会导致他们焦躁不安，更不容易入睡；如果是倒头就睡的情况，通常说明宝宝真的是累坏了。

　　在运用我的作息规范时，记住很重要的一点就是，它们可以帮助你做出判断，宝宝在每一个小觉之前可以保持清醒多长时间。正如之前所说，大多数新生儿在小睡之前都能很愉快地清醒两个小时。但这里说的两个小时并不是一个绝对值，我并不是说，每个宝宝的清醒时间都一定要达到两个小时，而只是强调，如果你不想让宝宝太过疲累，就不要让他的清醒时间超过两个小时。当然，有些宝宝刚出生的时候，每次最多只能清醒 1~1.5 小时，这种情况也不要过多担心，因为有的宝宝只是单纯地需要更多的睡眠而已。随着他们一天天长大，清醒的时间也会越来越长。

　　但如果宝宝白天总是昏昏沉沉，最多清醒一个钟头，到了晚上却好几个小时不睡，父母们就应该强行干预了。要想避免宝宝晚上不睡的状况发生，就要尽量让他白天清醒的时间更长一些。

小睡的重要性

婴儿睡眠专家马克·维斯布鲁斯曾经仔细研究过至少 200 个宝宝的小睡习惯。他认为，小睡是一种很健康的习惯，可以帮助调整很多睡眠问题，也可以为充足的睡眠打下良好基础。他也解释道，小睡能让宝宝在过度兴奋之后得到休息，重新充电，让他们更有精力去面对接下来的活动。美国纽约州狄根森大学心理学教授查尔斯·雪佛博士也支持这个论点，他说："婴儿白天的小睡非常重要，它对宝宝和妈妈的情绪都有很大的安抚作用，而这也是让妈妈放松休息或做一些其他事情的唯一机会。"

一些有名的育儿专家都一致认为，小睡对婴儿的脑部发育很重要。约翰·赫曼博士是婴儿睡眠专家，也是得克萨斯大学心理学和精神病学副教授。他认为："任何打扰到睡眠的活动都是不好的。父母亲须牢记，**没有什么事比得上婴儿的吃睡重要。**"对这种观点我深表赞同，而且一直以来我都是这么建议父母们去做的。

在宝宝三四个月大的时候，如果把他们白天的睡眠时间控制在 3 个小时以内，分两次或三次小睡，那么，他们大部分都可以在夜里睡足 12 个小时（晚上 10：00 睡前喂一次奶）。如果你希望宝宝能从晚上 7：00—7：30 一直睡到次日早上 7：00—7：30，就需要合理分配他们白天的睡眠时间，将最长的一个小觉安排在中午，短的小觉分别安排在上午和下午。

千万不要为了图一时的方便和省心，让宝宝上午的觉睡得长，下午的觉睡得短，这样看起来时间上好像比较好安排，但等宝宝再大一点，就会出现问题了。如果宝宝开始缩减白天的睡眠时间，最有可能的是缩减下午的那个小觉。这样一来，宝宝白天最长的一觉就会出现在上午。

直接导致的后果是，傍晚之前宝宝会很困，.可能 6：30 不到就要上床睡了，紧接着第二天早上或许不到 6：00 就又醒了。如果你傍晚那会儿让他小睡一觉，那么到了晚上，你可能面临的就是宝宝怎么都难以入睡的问题。

如何规范宝宝的睡眠时间

上午的小睡

大部分宝宝在早上起床两个小时后，都会开始想睡觉。这个觉时间上一定要短，大约在 45 分钟到 1 小时之间。6～9 个月大的宝宝，这次小睡可以缩短到 30 分钟，也就是接近上午 10：00 的时候就醒了。9～12 个月大的宝宝，这次小睡的时间可以更短或者干脆不睡。有些 8 个月大的宝宝上午就已经不睡了，但也有些宝宝直到 18 个月大，都一直坚持上午一小觉。

如果你发现，宝宝在上午花很久的时间才睡着，而且只睡 10～15 分钟，你就该明白，宝宝可能很快就不需要在上午小睡了。如果这情形持续了好几周，而他在午睡前的活动情况也很好，就可以想办法让他把上午的小睡去掉。其他一些迹象也能说明上午的小睡可以缩短或者取消。比如宝宝在午睡、夜间或是早晨开始早醒，而之前这些时候，他们的睡眠质量都很高。

有一点很重要，上午的小睡只要过了 45 分钟，就必须把宝宝叫醒，即使他可能只睡了 10 分钟，因为如果宝宝的睡眠超过了这个时间长度，你就很难判断是否可以把这次小睡取消，也会导致之前提到过的问题，比如午间短休时间过短，紧接着一天的作息也被搞乱。

宝宝一个半月大时

在养成合理的睡眠习惯之前，妈妈们要尽可能确保宝宝在安静的房间里进行上午的小睡。

一旦白天的作息规范已经确立，那么即使是出门，宝宝也可以时不时地在推车或者汽车座椅里睡着；但是，要记住一点，千万不要让宝宝在上午睡超过 45 分钟。

如果宝宝早上 7：00 醒，上午 9：30 就可能需要小睡 30 分钟。如果发现他只睡了 15 分钟就能愉快地坚持到午休，那么上午的这次小睡就可以取消。如果他早上 8：00 才醒，上午不需要短休也能支持到午睡时间。

午休时间

午休时间应该是宝宝白天中最长时间的睡眠。宝宝如果午觉睡得好，就能精力旺盛地享受下午的活动，到了晚上睡觉的时候，也会精神放松、心情舒畅。最近的研究显示，在中午至下午 2：00 之间午休，比靠近傍晚的小睡更能沉睡，也更有助于恢复精力。因为这一时间段和宝宝的生理时钟吻合。正如我先前提过的，早上的小睡如果太久，中午就会睡得短，到了夜间他可能太早上床睡觉，第二天早晨就会过早起床。

大部分宝宝在 1 岁半以前都需要午休 2~2.5 小时，到了 1 岁半 ~2 岁，午间短休可以逐渐缩短到 1~1.5 小时。3 岁时，宝宝午餐后可能就不再需要睡觉了，但是在这个时段，妈妈们依然应该鼓励宝宝尽可能保持安静，这样他才不会整个下午都很兴奋好动，结果影响到晚上的睡眠。

宝宝一个半月大之后

如果宝宝上午睡足了 45 分钟，他的午睡保持在 2 小时左右就会比较恰当。如果由于某种原因，宝宝上午睡的时间太短，那你可以让他睡到两个半钟头。如果宝宝晚上的睡眠不规律，那就不要让他在白天睡太多，这样只会使他日夜颠倒。

有些宝宝在刚出生的时候，中午可能不太愿意睡觉，然后直接导致他不能愉快地度过下午 1：00—4：00 的时间。要解决这个问题，我认为最好的办法就是在下午 2：30 喂奶之后，让他睡上 30 分钟，在下午 4：30 再让他休息 30 分钟。这样可以避免宝宝过度疲惫和烦躁不安，也可以让宝宝在晚上 7：00 就安然入睡，一切都有规律可循。

6 个月大之后

如果宝宝已经适应一日三餐的进餐模式，就可以把上午的小睡安排在 9：00—9：30，午休安排到中午 12：30—下午 2：30 之间。如果宝宝午休只睡了不到两个小时，那你可以看看，是不是因为他上午的小睡超过了 30 分钟。

1 岁以上

如果宝宝午睡时很难静下来睡觉或者只睡了 1 ~ 1.5 小时，就必须适当减少上午的小睡时间，或者彻底取消。下午两点半之后不要让宝宝睡觉，否则他晚上 7:00 可能很难入睡。

下午的小睡

这是白天三次小睡中时间最短的一次，也是应该最先取消的一觉。这个时间段宝宝不一定得睡在他自己的床上，也可以睡在婴儿推车或汽车安全椅里，这样可以让你的时间变得灵活，即使出门在外也很方便。

下午的小睡应该尽量安排在下午 5：00 之前，这能确保宝宝在洗澡和睡眠时都处于较好状态，同时也可以让宝宝在晚上 7：00 安然入睡（因

为他不会过度疲惫)。

在宝宝刚出生的那段时间，如果下午 2 ： 00 喂奶之后宝宝非常疲惫，可以让他放松 20 分钟，在下午 4 ： 40—5 ： 00 之间安排他在童车或者宝宝椅上面休息一会儿。

3 个月大之后

如果你想让宝宝晚上 7 ： 00 按时入睡，傍晚的小睡就不能超过 45 分钟，而且不管他睡长睡短，一定要在 5:00 的时候叫醒他。如果早上和中午的小睡状况都不错的话，下午这一觉宝宝会逐渐缩短睡觉时长，最后把它去掉。如果他中午的时候刚好睡太少，那你还是让他在这个时段小睡一下，但要保证他一整天的睡眠时长加起来不要过量。

作息规范的调整

从出生到 6 个月

这些年来，我尝试过许多不同的婴儿作息法，最后发现，宝宝们最愿意接受的还是早上 7 ： 00 到晚上 7 ： 00 的日常作息安排，因为它符合婴幼儿的自然睡眠节律，也符合他们少吃多餐的进食需求。我非常鼓励父母们在宝宝出生后尽可能依照整套作息去做。在宝宝 6 个月大时，一天要喂奶 4 ~ 5 次，所需的睡眠开始减少，你就可以在不影响他吃睡需求的前提下，对作息规范进行一定的调整。

以下几点，是你在为 6 个月大的宝宝调整作息时应该注意的事项：

★ 在宝宝刚出生那几周，为了把半夜的喂奶次数控制在不超过一次，就必须保证这一整天在晚上 12 ： 00 之前，至少得喂宝宝 5 次。当然，宝宝每天早晨的起床时间必须是在 6 ： 00 或 7 ： 00，才能做到这一点。

★ 在刚出生的几个星期，如果你的宝宝作息一开始是设在早晨 8：00 起床，晚上 8：00 结束，那意味着半夜到早上 7：00，你可能得给宝宝喂奶两次。

6 个月大之后

6 个月大的宝宝如果已经开始吃固体食物的话，就可以慢慢取消每天最后一次喂奶，这样调整起作息来会更容易些。

如果宝宝每天都很规律地在早晨 7:00 起床，你就可以慢慢把起床时间调到 7:30 或 8:00，然后把作息的各个时段依次延后，但这样做宝宝晚上也会晚点睡。如果你想让宝宝一样在晚上 7:00 上床，可以试试以下的方法：

★ 适当缩短上午的小睡时间，让宝宝在中午 12：00—12：30 就进入午休。

★ 午休时间不要超过两个小时，同时把下午的小睡取消掉。

宝宝出门在外的时候

在刚出生的头几周，大部分宝宝只要一放进安全座椅或推车里就会睡着，所以，如果可能的话，尽量把外出的时间安排在宝宝睡觉的时间，这样他的作息就不会被打乱。如果宝宝两个月大，作息规范已经形成了，就可以增加外出的时间，而不必非要在他应该睡觉的时间点出去。

如果你打算在白天和朋友聚个会，可以依照宝宝的作息时间去安排行程。比方说，你可以安排在上午 9：00—10：00 或下午 1：00—2：00 动身，这样当你到达目的地的时候，正好是给宝宝喂奶的时间，宝宝也已经醒了。你也可以把回程的时间定在下午 4：00—5：00 或者晚上 7：

00 点以后。总之，最终的目的就是尽量不要把宝宝的作息时间打乱，外出之前，妈妈们应该把所有的进餐和睡眠都做系统安排。

不同月龄宝宝每日休息安排见下表

年龄	7am 8 9 10 11 12 1 2 3 4 5 6 7 8 9 10 11 12 1 2 3 4 5 6 7am	每天总计睡眠时间	短休时间
0-1		15½-16 小时	5-5½ 小时
1-2		15 小时	4-4½ 小时
2-3		14½ 小时	3½ 小时
3-4		14½ 小时	3 小时
4-6		15 小时	3 小时
6-9		14½-15 小时	2½-3 小时
9-12		14-14½ 小时	2-2½ 小时

白天睡眠时间 7am-7pm　　夜间睡眠时间 7pm-7am

重要建议

美国婴儿死亡研究基金会以及英国卫生部的最新建议是，宝宝 6 个月大之前，所有的睡眠都应该和家长在一个房间里。他们推荐最安全的卧具就是婴儿床或睡篮。宝宝睡觉的时候，家长应该经常探视。婴儿床上只要留着必备的盖被就可以，不要把玩具、纱布或者带子等留在床上，这样才能保证宝宝在最安全的状态下睡眠。专家建议，对非常小的宝宝而言，在家里，尽量不要让宝宝在汽车座椅里睡觉。长途旅行时，为了照料座椅上的宝宝，家长应该定时停车，让宝宝呼吸一下新鲜空气，给他喂奶。

8

宝宝出生
第1～2周

The New Contented
Little Baby Book

开始我的作息法吧

在开始给宝宝建立一种作息规范的时候，你要切记：宝宝的饮食和作息习惯不会突然就跳到下一个阶段的作息规范中，要给宝宝一个适应的阶段，在他还没适应之前，不要盲目地启动下一个阶段的作息。但也有些宝宝，他的饮食是遵循一个阶段的规范，睡眠却是遵循另一个阶段的规范。

下面是一些衡量标准，帮助你确定宝宝是不是可以从每三小时喂一次奶过渡到第 1 ~ 2 周的作息规范。

★ 宝宝的体重恢复到出生时的体重。

★ 两餐间隔时间可以达到 3 小时，这三小时是从第一次吃奶开始到第二次吃奶开始。

★ 宝宝在某几餐之间可以坚持更长时间，你需要把他叫醒喂奶。

★ 有的时候宝宝吃完奶，可以开心地待上一小段时间。

如果宝宝表现出了上述所有迹象，你就可以自信地实施第 1 ~ 2 周的作息规范。这个作息规范与 3 小时喂一次奶的作息没有很大不同，只是它开始规定小睡时间，特别是午觉时间。在这个时候，你可以开始规划宝宝晚上的休息和白天的小睡。

在一天中的某些时候，宝宝依然需要每隔 3 小时喂奶 1 次，但是在本阶段的作息规范当中，上午喂奶要在 10：00 和 11：15 分两次进行，这样有助于把午觉时间确定下来；也可以把下午的喂奶在 5：00 和 6：15 分两次进行，从而确保宝宝在晚上 7：00—10：00 有一次较长时间的睡眠。

第1～2周的作息规范

进餐时间	上午7：00—下午7：00的睡眠时间
上午7：00 上午10：00 上午11：00／11：15 下午2：00 下午5：00 下午6：00或6：15 晚上10：00—11：15	上午8：30—10：00 上午11：30—下午2：00 下午3：30—下午5：00 白天最长睡觉时间：5.5小时
挤奶时间：上午6：45和晚上10：45	

上午7：00

★ 早上7：00之前叫醒宝宝，给他换尿不湿、喂奶。

★ 喂奶时，先用一边乳房给宝宝喂奶25～35分钟，然后再把他换到另一边吃10～15分钟。记住，这一边的奶事先要挤出90毫升。

★ 如果宝宝在早上5：00或6：00吃过奶，那么7：00的时候，就先从上次吃奶的第二边乳房里挤出90毫升奶，接着再给宝宝喂这一边，时间大概在20～25分钟。

★ 早上8：00以后就不要再给宝宝喂奶，因为那样可能影响他下一餐的食欲。

★ 喂奶之后，让他保持1个半小时的清醒状态。

★ 当宝宝在游戏毯上自己玩的时候，妈妈也要在早上8：00之前吃早餐，尽量吃些麦片、烤面包之类的，多喝水。

上午8：15

★ 宝宝这时应该有一点困。即使他看起来不怎么想睡，那他也应该累了，所以把他带到他的房间。检查一下尿不湿，把床单拉好，然后拉上窗帘，让他安静下来。

上午 8：30

★ 在宝宝想睡或快要睡着的时候，把他放到婴儿床上，把襁褓包严实。这些步骤要在 8：30 前做完。

★ 要记住这个时段不要让他睡超过一个半小时。

★ 安排好宝宝睡觉之后，妈妈可以趁这个时间清洗奶瓶和吸奶器，并消毒。

上午 9：45

★ 把窗帘拉开，襁褓半敞开，让宝宝可以自然醒来。

★ 帮宝宝从头到脚整理好，衣服换好。

上午 10：00

★ 不管宝宝睡了多久，这时他都应该醒来了。

★ 妈妈此时可以喝一大杯水补充水分，同时让宝宝从上一次喂奶的另一侧乳房开始吃奶，大约 20 ~ 35 分钟。

★ 把宝宝放在游戏垫上，让他玩一会儿，这时你可以准备好吸奶器。

上午 10：45

★ 从另一侧乳房当中挤出 60 毫升奶水。

★ 帮宝宝洗脸穿衣服，在他脸上较干燥的地方以及褶皱比较多的地方擦上乳液。

上午 11：00 或 11：15

★ 宝宝可能开始发困。即便他还没有表现出犯困的迹象，也应该已经累了，这时你可以检查一下床单，给他换尿不湿，慢慢让他安静下来。

★ 用上一次给他喂奶的乳房喂奶 15 ～ 20 分钟。

★ 当宝宝开始昏昏欲睡的时候，把他放到婴儿床上，用襁褓包裹严实，这些步骤要在 11：30 前完成。

★ 如果 10 分钟之内宝宝还没有入睡，再用另一侧奶水较多的乳房喂他 10 分钟。喂奶的过程中不要和他说话，也不要有眼神接触。

中午 11：30 至下午 2：00

★ 宝宝需要睡一个午觉，时间控制在两个半小时以内，从他躺下时开始算起。

★ 如果他才睡了 45 分钟就醒来，就先检查一下他的襁褓，但不要和他说话，也不要有眼神接触，这样会对他造成过度刺激。

★ 给宝宝 10 分钟，让他慢慢入睡。如果宝宝依然睡不着，你可以把原定下午 2：00 喂的那一餐先让他吃一半，然后安顿他睡到下午 2：00。

中午 12：00

★ 妈妈可以利用这个时间把挤奶器清洗一下并消毒，然后吃午饭，休息。

下午 2：00

★ 不论宝宝睡了多长时间，在下午 2：00 前必须把他叫醒喂奶。

★ 打开窗帘，把他的襁褓半敞开，让宝宝自然醒来，给他换尿不湿。

★ 用上一次喂奶的另一侧乳房喂 25 ～ 35 分钟。如果他还是没吃够，再换另一侧给他喂 10 ～ 15 分钟，同时，你自己最好喝一大杯水补充水分。

★ 下午 3：15 之前把奶喂完，否则会影响宝宝下一顿吃奶，导致吃奶时间推迟。

★ 这个时段非常重要的一点是，如果你想让宝宝晚上 7：00 准时睡觉，从现在到下午3：30，都要尽可能地让他保持清醒状态。如果宝宝上午精神状态很好，那这时他应该有点累了。不要给他穿得太厚，那样会加重困倦感。

下午3：30

★ 给宝宝换尿不湿。

★ 这个时候，宝宝通常需要小睡一觉，时间不要超过1个半小时。你也可以趁这时候用小车推着他出去走走，这样宝宝会睡得更好，对接下来的洗澡、吃奶和睡眠也很有帮助。

★ 如果你想要宝宝晚上7：00睡得好，那下午5：00后就不该让他再睡。

下午5：00

★ 宝宝这时必须完全清醒，在5：00前给他喂奶。

★ 用上一次喂奶的另一侧乳房喂奶25～30分钟，同时你可以喝一大杯水以补充体内水分。

★ 喂奶的时候，要让宝宝保持清醒。

★ 不要急着给宝宝用另外一侧乳房喂奶，可以先给他洗澡，洗完澡再喂另一边。

下午5：45

★ 如果宝宝一整天都很清醒，或者在下午3：30—5：00没有睡好，那就早一点开始给他洗澡、吃奶。

★ 在帮他准备洗澡和睡觉时的用品时，可以先让他光着屁股活动一会儿。

★ 下午5：45之前，必须开始给宝宝洗澡，并在晚上6：00或6：15完成抚触、穿衣服。

下午6：00或6：15

★ 给宝宝喂奶必须在下午6：15之前喂完，这个过程要在安静的环境中进行。把房间的灯光调暗，不要说太多话，也不要有眼神接触，以免对宝宝造成过度刺激。

★ 如果宝宝在下午5：00那一顿没吃完另一边的奶，那么你就应该先用原来那一侧乳房喂5~10分钟，再换另一侧乳房喂20~25分钟。

★ 有一点非常重要，宝宝应该在距离上次醒来后2小时之内上床睡觉。

晚上7：00或7：15

★ 当宝宝开始想睡的时候，用襁褓把他包好放回婴儿床，这个环节要在晚上7：00之前完成。

★ 如果10~15分钟后宝宝还是睡不着，就用奶水比较多的一侧乳房再喂他吃10分钟的奶。在这个过程中，不要说话，也不要有眼神接触，以免对他造成刺激。

晚上8：00

·这个时段对妈妈很重要，你应该好好吃顿饭，然后在下一次喂奶或挤奶前好好休息。

晚上9：45

★ 把灯打开，把襁褓半敞开，让宝宝自然醒来。给宝宝喂奶之前，留出10分钟，让他完全清醒，这样可以让他接下来更好地吃奶。

★ 把换尿不湿要用到的东西都摆出来，再多拿一条床单、一块薄纱布和一块毯子，以防半夜发生什么状况。

晚上 10：00

★ 用上一次喂奶的另一侧乳房喂奶，时间控制在 25 ~ 35 分钟。给宝宝换尿不湿，把襁褓重新包好。

★ 把灯光调暗，用另一侧乳房再喂宝宝吃 20 ~ 25 分钟，或者把奶瓶里没有吃完的奶水吃完。在这个过程中，不要和他谈话，也不要有眼神接触。

后半夜

★ 如果你是母乳喂养，在这一周中有一点很重要，那就是后半夜的两餐间隔不要太长。

★ 如果宝宝出生时体重不足 3.2 千克，你就要在凌晨 2：30 把他叫醒喂奶。出生体重在 3.2 ~ 3.6 千克的宝宝，应在凌晨 3：30 之前叫醒喂奶。

★ 喝奶粉的宝宝，如果体重超过 3.6 千克，或者出生时体重超过 3.6 千克，并且白天吃奶状况良好，那么他在后半夜的两餐之间可能就能撑得久一些，但不管怎样，都不应该超过 5 小时。

★ 如果对宝宝在夜里两餐之间的睡眠时间存在疑虑，可以向医生或者社区医院咨询。

宝宝在本阶段作息上的调整

睡 眠

根据宝宝最后一餐后的睡眠时长，你可以做出如下选择：

★ 如果宝宝喝奶状况正常，很快入睡，并且睡到凌晨2：00以后；夜里喝奶状况也很好，可以睡到早晨6：00左右；遵循相应的作息规范，让他最后一餐时保持1个小时的清醒时间是正确的。

★ 最后一餐如果宝宝吃得很好，也容易入睡，但总是在凌晨2：00到早上6：00之间醒来，那我会建议你把最后一餐改为分次喂奶，以免每晚醒来两次。分次喂奶的习惯至少需要一周的时间才能建立起来，所以如果没有立马见到成效，你也不必失去信心。如果你分次喂奶后，宝宝的睡眠质量得到改善，就应该在晚上9：45左右把宝宝叫醒，在10：00左右喂奶。这次喂奶，宝宝想吃多少就让他吃多少，然后让他在游戏垫子上玩一会儿。晚上11：00左右把宝宝抱进卧室，换好尿不湿，再喂一次奶。如果是奶粉喂养的宝宝，建议准备两个奶瓶。

虽然大多数刚出生的宝宝在吃完奶后，都能保持2小时左右的清醒状态，但这并不意味着，每个宝宝就一定会清醒2个小时。如果你的宝宝每次只能清醒1~1.5小时，也不必为此担心，这只能说明你的宝宝可能更爱睡觉。随着他一天天长大，他的睡眠时间自然会减少。关键在于，不能让宝宝因为太长时间不睡觉而过度疲劳。

喂　奶

如果宝宝后半夜醒来要吃奶，你一定要让他吃好吃饱，这样他才能一直睡到早上6：00—7：00。在这个阶段，不要控制宝宝的饮食，否则他可能早上5：00左右就醒了。你现在要做的就是好好喂饱他，这样在晚上7：00到次日早上6：00—7：00之间，你只需要起来两次给他喂奶就可以了。

根据夜里的吃奶状况，宝宝应该在早上6：00—7：00醒来。无论如何，早上7：00左右都应该把他叫醒。如果他在早上6：00醒来，你也需要给他喂奶（把这算作夜间喂奶），早上 7 : 00 再加餐一次。可能的话，在 8 : 30 小睡之前，你还需要再给他喂一次。

根据这个计划，我建议，上午 11 : 00—11 : 15 可以再给宝宝加餐一次，或者是在午睡前再喂一次奶，这样可以防止他睡着睡着就被饿醒。如果宝宝下午 2 : 00 之前醒来，我通常会认为他是饿了，这时我会喂他一次奶，再安顿他重新入睡。如果喝完奶后，他还是睡不着，我就会让他先活动一会儿，等到下午 2 : 30 和 4 : 00—4 : 30 的时间里，安排他小睡两次。

向第2～4周作息规范推进

在第 2 周结束时，你应该进入第 2 ~ 4 周的喂养计划。

以下各项指标会帮助你权衡宝宝是否可以进入这个计划。

★ 宝宝体重超过 3.2 千克，已经恢复到出生时的体重，并且在稳步增加。

★ 宝宝睡眠状态良好，偶尔你需要叫醒他吃奶。

★ 宝宝吃奶越来越有效率，能在 25 ~ 30 分钟吃完一顿奶。

★ 宝宝的精神状况越来越好，每次都能清醒 1 ~ 1.5 小时。

如果你发现宝宝两餐之间间隔变长，睡眠时间却比第 2 ~ 4 周规划要求的更长，建议你按照第 2 ~ 4 周的作息规范给他喂奶，同时按照第 1 ~ 2 周的作息规范安排他的睡眠。有一点你要记住，如果宝宝只是需要更多的睡眠的话，那么不管是白天还是晚上，他都会睡得更长。但如果宝宝只是白天睡很长,夜里却老醒,那就说明他白天实际上不需要多睡。

9

第2～4周

The New Contented
Little Baby Book

第2~4周作息规范

进餐时间	早上7：00—晚上7：00的睡眠时间
上午7：00 上午10：00 上午11：30或11：45 下午2：00 下午5：00 晚上6：00或6：15 晚上10：00或10：30	上午8：30或9：00—10：00 上午11：30或中午12：00至下午2：00 下午4：00—5：00 白天最长睡眠时间：5小时
挤奶时间：上午6：45，10：30和晚上9：30	

上午7：00

★ 早上7：00之前叫醒宝宝，给他换尿不湿、喂奶。

★ 如果在凌晨5：00点之前喂奶，你要用奶水较多的那一侧乳房先喂20~25分钟，要是这样还没吃饱，就用另一侧再喂他吃10~15分钟，但在吃另一侧之前，你要先挤出60 ~ 90毫升奶水。

★ 如果在上午5：00—6：00喂奶，你要先挤出90毫升奶水，再让宝宝吃20~25分钟。

★ 早上7：45以后，不要再给宝宝喂奶，否则会使下一次喂奶的时间延后。

★ 喂他喝完奶之后两个钟头内不要再让他睡觉。

★ 上午8：00，让宝宝自己在游戏垫上玩一会儿，妈妈趁这个时间吃一些麦片、烤面包，喝点果汁或牛奶。

上午8：30—8：45

★ 宝宝这时应该有一点犯困。即使他看起来不怎么想睡，那也应该累了，所以把他带到他的房间。检查一下尿不湿，把床单拉好，然后拉上窗帘，让他安静下来，哄他入睡。

★ 在宝宝想睡或快要睡着的时候，把他放到婴儿床上，把襁褓包严实。你要在上午9:00之前完成这些步骤。

★ 这个时段的睡眠时间应该控制在1小时内。

★ 安排好宝宝睡觉之后，妈妈可以趁这个时间清洗奶瓶和吸奶器，并消毒。

上午9:45

★ 把窗帘打开，把宝宝的襁褓解开，让他自己醒来。

★ 帮宝宝从头到脚整理好，衣服换好。

上午10:00

★ 不管睡了多久，宝宝这时都应该清醒了。

★ 妈妈此时可以喝一大杯水补充水分，同时让宝宝从上一次喂奶的另一侧乳房开始吃奶，大约20～25分钟。

★ 帮宝宝洗漱穿衣，同时给他皮肤的褶皱处和干燥部位擦一些乳液。

上午10:30

★ 把宝宝放在游戏垫上，让他自己玩一会儿。从没有喂过奶的那一侧乳房挤出60毫升奶水。

上午11:15—11:30

★ 如果此前的两小时，宝宝的精神状态一直很好，那么到11:15他就应该累了，你可以让他在11:30的时候小睡一会儿。

★ 小睡之前，用刚刚挤过奶的那一侧乳房再喂他15分钟。

上午11：45

★ 不论宝宝刚才在做什么，此刻你都应该安抚他，让他放松下来，准备开始睡觉。

★ 检查宝宝的床单，给他换换尿不湿。

★ 当宝宝开始想睡的时候，用襁褓把他包好，房间的灯光关掉。让他最迟在中午12：00前睡觉。

上午11：30或12：00至下午2：00

★ 午休时间不要超过两个半小时。

★ 如果宝宝之前已经睡了一个半小时，那么这次睡两小时就可以了。

★ 如果他才睡了45分钟就醒来，就先检查一下他的襁褓，但不要和他说话，也不要有眼神接触，这样会对他造成过度刺激。

★ 给宝宝10～20分钟，让他自己重新入睡。如果宝宝依然睡不着，你可以把原定下午2：00喂的那一餐先让他吃一半，再安顿他睡到下午2：00。

中午12：00—12：30

★ 妈妈可以利用这一时段消毒挤奶器，接着吃午饭，然后休息。

下午2：00

★ 不论宝宝睡了多长时间，在下午2：00前必须把他叫醒喂奶。

★ 打开窗帘，把他的襁褓打开，让宝宝自然醒来，给他换尿不湿。

★ 用上一次喂奶的另一侧乳房喂20～25分钟。如果他还是没吃够，再用另一边给他喂10～15分钟，同时，你自己也要喝一大杯水补充水分。

★ 下午3：15之前把奶喂完，否则会影响宝宝下一顿吃奶，导致吃奶时间推迟。

★ 这个时段非常重要的一点是，如果你想让宝宝晚上7：00准时睡觉，从现在到下午4：00，都要尽可能地让他保持清醒状态。如果宝宝上午精神状态很好，那这时他应该有点累了。不要给他穿得太厚，那样会加重困倦感。

★ 把宝宝放在游戏毯上，让他好好玩一会儿。

下午3：45—4：00

★ 给宝宝换尿不湿。

★ 这个时段可以带他出去散散步，保证他的小睡质量，为下一次吃奶和晚上的洗澡养足精神。

★ 如果你想让宝宝在晚上7：00安然入睡，下午5：00以后就不要再让他睡觉了。

下午5：00

★ 在5：00之前把他叫醒吃奶。

★ 用上一次喂奶的另一侧乳房喂奶20分钟，同时你也要喝一大杯水，以补充体内水分。

★ 还有一点很重要，在洗澡之后才可以用另一侧乳房喂宝宝。

下午5：45

★ 如果宝宝白天小睡时总是不断醒来，或者在下午4：00—5：00睡眠质量不高，那就早一点给他洗澡，喂下一顿奶。

★ 在帮他准备洗澡和睡觉时的用品时，可以让他光着屁股先活动一会儿。

★ 下午6：00之前给宝宝洗完澡，6：15左右完成抚触和穿衣。

下午 6：00—6：15

★ 最迟在 6：15 分喂他。

★ 在婴儿房喂他，把灯调暗，不要出声讲话，眼神也不要和他接触。

★ 如果宝宝在下午 5：00 那一顿没吃完另一侧的奶，那么你就应该先用原来那一侧乳房喂 5 ~ 10 分钟，再换另一侧乳房喂 20 ~ 25 分钟。

★ 还有一点很重要，宝宝应该在距上次醒来后 2 小时之内上床睡觉。

晚上 7：00—7：15

★ 如果这时宝宝已经困了，就要在 7：00 前安顿他上床睡觉，用襁褓把他包好。

★ 如果宝宝不肯入睡，你可以用比较胀的那一侧乳房再喂他 10 ~ 15 分钟。喂奶过程中，不要有太多眼神和语言的交流。

晚上 8：00

★ 你可以在这段时间，好好吃顿饭，然后在下一次喂奶或挤奶前好好休息。

晚上 9：30

★ 如果你打算在夜里用奶瓶给宝宝喂奶，那么现在就要开始挤奶。

晚上 10：00—10：30

★ 开灯，把襁褓打开，让宝宝自然醒来。给宝宝喂奶之前，留出 10 分钟，让他完全清醒，这样可以让他接下来更好地吃奶。

★ 把换尿不湿要用到的东西都摆出来，再多拿一条床单、一块薄纱布和一块毯子，以防半夜发生什么状况。

★ 用上次喂奶的乳房再喂他 20 分钟，或者让他喝完奶瓶中大部分的奶，然后换尿不湿，重新包好襁褓。

★ 把灯光调暗，不要有任何语言和眼神交流，用另一侧乳房再喂他20分钟，或者让他把奶瓶中剩余的奶喝完。

后半夜

★ 如果宝宝在凌晨4：00前醒来，就让他多吃一点奶，让他可以睡到早上7：00。如果他吸完一边的奶就睡着了，然后早上5：00就醒了，那你就要等他清醒后再给他喂奶，这样他才能吃到两边的奶。

★ 如果宝宝早上4：00—5：00醒了，你可以先喂一次奶，早上7：00再用较胀的一侧乳房喂奶。

★ 如果他早上6：00醒，你可以先用一侧乳房给他喂奶，早上7：30再用挤过奶水的另一侧乳房喂他。

★ 眼神一定不要和他接触，不要讲话，灯光弄暗。除非必要，否则不要换尿片。

宝宝在本阶段作息上的调整

第2~4周正好与第一次猛长期相契合，很多宝宝在猛长期都会变得焦虑不安，所以，妈妈们可以叮嘱老公下班后早点回家，帮你一起照顾宝宝的睡眠。大多数宝宝一到下午5:00就会很烦躁，这也是妈妈们最头疼的时候。如果这时候你觉得所有事情都乱糟糟，也不要太过自责，这不是你的错。

睡　眠

在宝宝3~4周大时，他会开始不愿睡觉，醒着的时间也逐渐变长。

这时候，妈妈要鼓励宝宝白天少睡，这样他晚上才容易睡得好。到了第4周的时候，为了保证宝宝午睡的质量，上午的小睡不应超过1个小时。

你要逐渐有意识地让宝宝在上午保持更长时间的清醒，并且让他在上午9∶00按计划小睡一觉。如果他上午8∶30睡着，9∶15—9∶30醒来，就会影响到其他的时间安排。如果出现这种状况，你要在上午8∶20左右给他喂奶。这样在9∶00之前，宝宝就能保持清醒。在这一阶段，宝宝下午的小睡不要超过1个小时；你也可以把下午的小睡安排在4∶00—5∶00。

到了一个半月大的时候，宝宝上、下午小睡的时候，襁褓包裹一半就可以了。

大约在一个月大的时候，宝宝差不多每隔30~45分钟就会进入浅睡状态，这时候如果他不是饿了的话，只要给点时间，他就可以自己再睡回去。但如果你心急，或者是轻轻摇晃他帮助他入睡的话，就可能引发长期的睡眠问题。直接导致的后果是，当宝宝在夜里进入浅睡状态时，你即使不需要喂奶，也得不断起床来哄他睡觉。

喂　奶

大多数宝宝会在出生第3周左右经历一个猛长期。当他处于猛长期时，早上6∶45挤奶时你就要少挤30毫升；在第4周快要结束时，上午10∶30那一次挤奶，也要少挤30毫升。这样可以保证宝宝吃到足够量的奶。如果你从来没有挤过奶也没关系，你可以增加几次喂奶的时间，每次喂久一点，也可以让宝宝吃到足够多的奶。

在此期间，你自己要多休息，才能保证身体能够供应充足的奶水量。如果你担心自己的奶量跟不上宝宝的需求，可以试试本书后面章节提到的追奶计划，追追奶。一旦奶量上来了，你就要恢复适合宝宝周龄的进餐模式。

在这一阶段，可以把原定于上午的喂奶分成两次，并在午睡之前给他加餐，以保证午休的质量。

如果你是母乳喂养，但是又打算每天给他喝一次奶粉的话，现在就是最佳的执行时机。如果再往后推，宝宝可能无法习惯奶瓶，等你休完产假回去上班后会很麻烦。我建议你可以在晚上9：30—10：00之间挤奶，尽量多挤一点，这样可以刺激乳汁分泌。挤出来的奶正好用来后半夜给宝宝吃，或者也可以冷藏起来，让老公或者其他护理人员帮你喂宝宝，你自己就可以早点休息。产后妈妈最需要的就是休息。

对于奶瓶喂养的宝宝，在第一个猛长期，应该增加上午7：00、10：00以及夜间的喂奶量。某些喝奶粉的宝宝，现在应该将新生儿奶嘴更换为低流速奶嘴。

母乳喂养的宝宝，如果体重增长缓慢，可能是由于母乳分泌不足，或者哺乳姿势不正确，而两者往往相互关联。这时你就有必要参考一下后面关于如何追奶的建议，同时也应该向医护人员咨询一下，让她们检查检查你的喂奶姿势是否正确。

奶瓶喂养的宝宝，如果体重增长缓慢，建议你把单孔奶嘴换成双孔的低流速奶嘴。如果对宝宝体重状况还有所顾虑，可以去社区医院看看，或者咨询一下医护人员。

如果宝宝依然在凌晨2：00—5：00醒来，那我建议你把晚上最后一餐改成分次喂奶。先在晚上9：45左右把宝宝叫醒，让他在晚上10：00处于清醒状态，然后给他喂奶，但一次不要喂太饱，喂完让他保持1小时以上的清醒状态。等到晚上11：15左右，再给他换尿不湿，把灯光调暗，加餐一次。通过分次喂奶，同时保持稍长时间的清醒状态，就可以让他一觉睡到凌晨3：00以后。

到了第4周，宝宝可能会很愉快地接受延长两餐的时间间隔。只要体重稳定增长，你就可以让他转入第4~6周的进餐规范；如果体重还没增长到足够程度，就继续执行第2~4周的进餐时间安排，直到体重达标。

从我的经验看，相对于每周体重增长少于 170 克的宝宝，那些出生几个月里每周体重增长 170 ~ 226 克的宝宝，饮食规律和睡眠质量会更好。当然，我也护理过一些每周体重只增加 113 ~ 142 克，但饮食和睡眠质量却都很好的宝宝。所以，这些标准不能一概而论。

但是，如果你的宝宝两餐之间总是表现得很烦躁，晚上睡眠质量也不佳，并且每周增重不到 170 克，那么他很可能是经常没吃饱。如果是这样的状况，建议你还是去咨询一下医生。

10

第1~1.5个月

The New Contented
Little Baby Book

第1~1.5个月的作息规范

进餐时间	早7：00—晚7：00的睡眠时间
上午7：00 上午10：30 下午2：00或2：30 下午5：00 下午6：00或6：15 晚上10：00或10：30	上午9：00—10：00 上午11：30或中午12：00至下午2：00或2：30 下午4：15—5：00
白天最长睡眠时间：4小时45分钟 挤奶时间：上午6：45、上午10：30和晚上9：30	

上午7：00

★ 早上7：00之前叫醒宝宝，给他换尿不湿、喂奶。

★ 如果在凌晨5：00之前喂奶，你要用奶水较多的那一侧乳房先喂20～25分钟，要是这样还没吃饱，就用另一侧再喂他10～15分钟，但在吃另一侧之前，你要先挤出60毫升奶水。

★ 如果你在5：00—6：00喂奶，要先挤出60毫升奶水，再让宝宝吃20～25分钟。

★ 早上7：45后，不要再给宝宝喂奶，否则会推迟下次的喂奶时间。

★ 喂他喝完奶之后，两个钟头内不要再让他睡觉。

★ 上午8：00之前，让宝宝在游戏垫上自己玩一会儿，妈妈趁这时间吃一些麦片、烤面包，喝点果汁或牛奶。

上午8：45

★ 宝宝这时应该有一点犯困。即使他看起来不怎么想睡，那也应该累了，所以把他带到他的房间。检查一下尿不湿，把床单拉好，然后拉上窗帘，让他安静下来，轻轻哄他入睡。

★ 在宝宝想睡或快要睡着的时候，把他放到婴儿床上，用襁褓包严实。9 : 00之前必须完成以上步骤，让宝宝小睡一次，时间控制在1小时之内。

★ 安排好宝宝睡觉之后，妈妈可以趁这个时间清洗奶瓶和吸奶器，并消毒。

上午9 : 45

★ 把宝宝的襁褓打开，让他自己醒来。

★ 准备给宝宝喂奶和穿衣服。

上午10 : 00

★ 不论宝宝睡了多长时间，这时都应该把他叫醒了。

★ 帮宝宝洗漱穿衣，同时给他皮肤的褶皱处和干燥部位擦一些乳液。

上午10 : 30

★ 妈妈此时可以喝一大杯水补充水分，同时让宝宝从上一次喂奶的另一侧乳房开始吃奶，大约20～25分钟。

★ 把宝宝放在游戏垫上，让他自己玩一会儿，同时从另一侧乳房里挤30毫升奶水，再用该侧乳房喂他10～15分钟。

上午11 : 30

★ 如果此前的两小时，宝宝的精神状态一直很好，那么到11 : 30他就应该累了，你可以让他在11 : 45的时候小睡一会儿。

上午11 : 45

★ 不论宝宝刚才在做什么，此刻你都应该安抚他，让他放松下来，准备开始睡觉。

★ 检查床单，更换尿不湿。

★ 当宝宝开始想睡的时候，要在中午 12：00 之前把他放回床上，用襁褓包好。

上午 11：30 或 12：00 至下午 2：00 或 2：30

★ 午休时间不要超过两个半小时。

★ 如果宝宝才睡了 45 分钟就醒了，你要检查一下襁褓，但不要和他说话，也不要有眼神接触，以免对他产生过度刺激。

★ 给他 10 ~ 20 分钟，让宝宝自己入睡。如果宝宝依然睡不着，你可以把原定下午 2：00 喂给他的那一餐先让他吃一半，再尽量让他睡到下午 2：00。

中午 12：00

★ 妈妈可以利用这个时段消毒挤奶器，接着吃午饭，然后休息。

下午 2：00—2：30

★ 无论宝宝睡了多长时间，在下午 2：30 之前都要叫醒他吃奶。

★ 把他的襁褓打开，让宝宝自然醒来，给他换尿不湿。

★ 用上次喂奶的另一侧乳房喂他 20 ~ 25 分钟，如果喂完之后宝宝还是很饿，就再换一侧乳房喂 10 ~ 15 分钟，同时你自己也要喝一大杯水。

★ 下午 3：15 之前把奶喂完，否则会影响宝宝下一顿吃奶，导致吃奶时间推迟。

★ 如果你想让宝宝晚上 7：00 准时睡觉，从现在到下午 4：15，都要尽可能地让他保持清醒状态。如果宝宝上午精神状态很好，那这时他应该有点累了。不要给他穿得太厚，那样会加重困倦感。

★ 把宝宝放在游戏垫上，鼓励他好好玩一会儿。

下午 4：00—4：15

★ 给宝宝换尿不湿。

★ 这个时段可以带他出去散散步，保证他的小觉质量，为下一次吃奶和晚上洗澡养足精神。

★ 如果想让宝宝晚上 7：00 准时入睡，下午 5：00 至晚上 7：00，不要让他睡觉。

下午 5：00

★ 下午 5：00 之前把他叫醒喂奶。

★ 用上一次喂奶的另一侧乳房喂他 20 分钟，同时你也要喝一大杯水，以补充体内水分。

★ 还有一点很重要，在给宝宝洗完澡之后才可以再次给他喂奶。

下午 5：45

★ 如果宝宝白天小睡时总是不断醒来，或者下午 4：15—5：00 睡眠质量不高，那就早一点给他洗澡，早一点喂下一顿奶。

★ 在准备洗澡和睡觉所需物品时，可以让宝宝不戴尿布在游戏垫上玩一会儿。

下午 6：00

★ 开始洗澡的时间不能晚于 6：00，在 6：15 左右就要做完抚触、穿好衣服。

下午 6：15

★ 最迟在 6：15 喂他。在婴儿房喂他，把灯调暗，不要出声讲话，也不要和他有眼神接触。

★ 如果宝宝在下午5：00那一顿没吃完另一侧的奶，那么，你就应该先用原来那一侧乳房喂5～10分钟，再换另一侧乳房喂20～25分钟。

★ 还有一点很重要，宝宝应该在距上次醒来后2小时之内上床睡觉。

晚上7：00

★ 如果这时宝宝已经困了，就要在7：00前安顿他上床睡觉，用襁褓把他包好。

★ 如果宝宝不肯入睡，你可以用比较胀的那一侧乳房再喂他10分钟。喂奶过程中，不要有太多眼神和语言的交流。

晚上8：00

★ 在下一次挤奶和喂奶之前，你要好好吃一顿饭并充分休息，这一点很重要。

晚上9：30

★ 如果你打算在夜里用奶瓶给宝宝喂奶，那么现在就要开始挤奶。

晚上10：00—10：30

★ 开灯，把襁褓打开，让宝宝自然醒来。给宝宝喂奶之前，留出10分钟，让他完全清醒，这样可以让他接下来更好地吃奶。

★ 把换尿不湿要用到的东西都摆出来，再多拿一条床单、一块薄纱布和一块毯子，以防半夜发生什么状况。

★ 用上次喂奶的乳房再喂他20分钟，或者让他喝完奶瓶中大部分的奶，然后换尿不湿，重新包好襁褓。

★ 把灯光调暗，不要有任何语言和眼神交流，用另一侧乳房再喂他20分钟，或者让他把奶瓶中剩余的奶喝完。

后半夜

★ 如果宝宝凌晨 4：00 前醒来，就给他多喂一点奶，让他可以睡到早上 7：00。

★ 如果宝宝在凌晨 4：00—5：00 醒来，可以先喂一次奶，早上 7：00 再用较胀的一侧乳房喂奶。

★ 如果宝宝在早上 6：00 醒来，你可以先用一侧乳房给他喂奶，早上 7：30 再用挤过奶水的另一侧乳房喂他。

★ 把灯光调暗，喂奶过程中不要多说话或者用眼神交流，以免对他产生过度刺激。除非必要，否则不要换尿片。

宝宝在本阶段作息上的调整

睡 眠

我护理过的大多数宝宝，在一个月到一个半月大的时候，晚上都可以睡上一段较长的时间，很多宝宝甚至可以一觉睡到早上 7：00。很多父母向我咨询，怎么才能让宝宝夜里睡得更长，而我的回答通常很简单，只要遵循相应的作息规范，宝宝的夜间睡眠时间自然会变长。从我网站上的留言来看，大多数家长都认同这种做法。

过去几年，我收到了上千封来信，这些信里的父母都告诉我，他们一个半月大的宝宝晚上睡眠质量很不好。可是从他们的描述中，我明显发现，这些宝宝白天的睡觉时间通常都比我建议的时间长得多。这些家长认为，他们的宝宝很嗜睡，但从我个人的经验看来，或许有些宝宝的确需要更多睡眠，可这样的宝宝不但白天睡得长，晚上也会睡得长。如果种种迹象表明，你的宝宝夜里睡眠时间并不长，白天却睡得很长，你就要逐渐减少宝宝白天的睡眠时间。每隔三四天把白天第一次的小睡时间推后几分钟，这样既可以避免宝宝过于疲惫或者是焦躁不安，也能减少白天的睡眠时间。

我建议，在一个月至一个半月大时，把白天的睡眠时间严格控制在四个半小时之内：上午的小睡不要超过 1 个小时，下午 4：15—5：00 的小睡不超过 30 分钟。有些宝宝会从上午 8：30 睡到上午 10：00，结果造成白天睡太多，晚上却睡不好。如果这种情况正发生在你的宝宝身上，建议你上午 9：00 就叫醒宝宝，让他这次的小睡时间只有 30 分钟，早上 9：45 左右再让他睡 15 分钟。这样一来，在上午 10：00 的时候，宝宝就处于清醒状态了；整个上午的小睡时间加起来也不会超过 1 个小时；9：45—10：00 的 15 分钟小睡，也不至于影响午睡质量。

还有一点也很重要，一个半月大以后，要让宝宝逐渐习惯上午 9：00 至晚上 7：00 之间的小睡半敞开襁褓（襁褓只包一半）。因为一般来说，出生第 2 ~ 4 个月是婴儿猝死率最高的时期，而导致婴儿猝死的主要原因之一就是温度过高。半包襁褓的时候，你要小心地把宝宝放进去。如果宝宝醒来的时间早于作息规范建议的时间，你就要检查一下，看他是不是踢掉了身上的毯子。这个阶段的宝宝更加活跃好动，踢掉毯子也是夜间早醒的一个原因，所以，你一定要把毯子牢牢掖好。

到这个阶段，你不需要花太多时间来哄睡，也不要总去抱着他。宝宝半夜醒来后，最好让他学会自主入睡。你可以准备一个小夜灯，制造一个容易入眠的环境，放点音乐，让他看着天花板上的投影，给他 10 分钟，让他逐渐入睡。

在早上六七点到晚上 11：30 的时间里，让宝宝吃够他这一天需要的奶量，是保证宝宝夜里睡大觉的另一个重要因素。对于这一点，宝宝的体重是一个很好的判断指标。正常情况下，宝宝的体重应该稳定增长。

如果宝宝连续几个晚上都能睡很长时间，有一天却突然早醒，这时尽量不要用喂奶的方法让他入睡。每晚最后一次喂奶后的那几个小时，通常被称为"夜之核心"（后文有对"夜之核心"的详细解释）。

如果宝宝在这个时间段醒来，你就可以先给他一点时间，让他自主入睡。如果还是睡不着，就试试除喂奶之外的其他方法。一般来说，我会先尝试着给宝宝喝些温开水，或者抱抱他。也有人建议可以给宝宝一个安抚奶嘴让他嘬着。这个时候，尽量不要一直围着宝宝，但是你可以轻轻地安抚他说你就在周围。如果这些方法都无果，那就需要给他喂奶。如果宝宝稍大一些后，仍然总是很早醒来，那建议你试试"夜之核心"法，应该会有一定的缓解作用。

在采用这个办法之前，请详细阅读下面的内容，确保其发挥应有的作用。

★ 这些办法不适用于体重过轻或者体重不增长的宝宝。

★ 上述方法只在两种情况下适用：宝宝体重稳步增长，晚上最后一餐已摄入足够的奶水以保证睡眠时间足够长。

★ 宝宝可以停止夜间喂奶的主要表现是：体重稳步增长，不愿意吃奶或者早上7：00喂奶时吃得很少。

★ 该方法的目的在于延长宝宝最后一餐后的睡眠时间，而不是一次性取消夜间喂奶。只有连续三四天晚上宝宝都能较长时间地睡眠，你才可以采用"夜之核心"法。如果宝宝夜里无法很快入睡，就不要使用这种方法。如果三四天后这种方法还不起作用，就应该立即放弃，转而继续喂奶。如果你一直坚持这种方法，宝宝依然不能顺利入睡，就会让他形成一种错误的睡眠联想，使他在日后很长一段时间都无法安然入睡。

喂 奶

如果宝宝每天总是在凌晨3：00—4：00起来吃奶，那至少10天之内，你都要在早上 7 ：00 把他叫醒。如果你感觉他对早上这一餐明显兴趣减弱，就可以逐渐地、少量地减少宝宝夜里的奶量。这样可以让他白天多吃一点，晚上少吃一点，然后逐渐停掉半夜的那一顿奶。但切记，不要让宝宝的奶量减得太多，这样他很可能会在早上 7 ：00 前饿醒，导致晚上 11 ：00 至早上 6 ：00 或 7 ：00 的作息安排失败。

在一个半月大左右，宝宝会经历另一次猛长期，为了让他吃饱，早上第一次挤奶时，你可以少挤 30 毫升，并取消上午的挤奶。如果宝宝在凌晨 3 ：00—4 ：00 醒来，你给他喂饱之后，他又一觉睡到早上 7 ：00，醒来后吃的 7 ：00 这一餐进食状况良好，那他之后应该可以坚持一段较长的时间，你这时也可以逐渐把上午 10 ：00 那次喂奶推后到 10 ：30。如果宝宝凌晨 5 ：00 醒来吃奶，又在早上 7 ：30 加餐了一顿，那他可能很难坚持到上午 10 ：30。因为 7 ：30 的那一餐，对于宝宝而言只是简单的加餐，这种情况下，你还是要在上午 10 ：00 按时喂奶（并且在午休前给他加餐一次），直到他把早上第一次吃奶时间调整到 6 ：00—7 ：00 为止。

在猛长期时，宝宝有时吃奶会需要较长的时间，尤其是在你没有按照建议时间挤奶的情况下。但是特殊时期特殊对待，你可以让宝宝多吃一会儿，如果有必要，还可以给他加餐。虽然看起来好像是重新回到了以前的饮食规范，但这种白天的加餐只是暂时的，目的是让宝宝白天吃饱，而不至于晚上总醒或早醒。

在猛长期，早上 7 ：00、上午 10 ：30 以及下午 6 ：15，宝宝的奶量会明显增加。在这个阶段，如果宝宝可以愉快地等到上午 10 ：30 再次吃奶，但是午睡时，却总是中途醒来或比以前醒得早，那我建议，在他午休之前，就应该给他加餐一次。如果宝宝连续一周午睡都没有突然醒来，就要逐渐减少加餐直到完全取消，同时回归上午 10 ：30 饱餐一顿的进餐方式。但是，如果你发现宝宝不加餐就不肯入睡，就不要取消加餐。在这个阶段，最重要的是保证宝宝午睡的质量。

11

第1.5~2个月

The New Contented
Little Baby Book

第1.5～2个月的作息规范

进餐时间	早7：00—晚7：00的睡眠时间
上午7：00 上午10：45 下午2：00或2:30 下午5：00 下午6：00或6：15 晚上10：00或10：30	上午9：00—9：45 上午11：45或中午12：00至下午2：00或2：30 下午4：30—5：00 白天最长睡眠时间：4小时
挤奶时间：上午6：45和晚上9：30	

上午7：00

★ 早上7：00之前叫醒宝宝，给他换尿不湿、喂奶。

★ 如果你计划在凌晨5：00之前喂奶，就先用奶水较多的那一侧乳房喂20～25分钟，同时另一侧挤出30～60毫升奶水，接着再用挤完奶的这侧乳房喂10～15分钟。

★ 如果你在早上6：00喂宝宝吃奶，先挤出30～60毫升奶水，再喂20～25分钟。

★ 早上7：45以后，不要再给宝宝喂奶，否则会使下一次喂奶的时间延后。

★ 喂他喝完奶之后两个钟头内不要再让他睡觉。

★ 上午8：00，让宝宝自己在游戏垫上玩一会儿，妈妈趁这段时间吃一些麦片、烤面包，喝点果汁或牛奶。

★ 给宝宝洗澡、穿衣服，并在皮肤干燥和褶皱部位擦上乳液。

上午8：50

★ 检查一下尿不湿、床单，让宝宝安静下来，准备休息。

上午9：00

★ 当宝宝想睡或者快要睡着的时候，把他放在床上，半包襁褓，披到腋下。最好在9：00之前完成这些步骤。宝宝这次小睡时间不要超过45分钟。

★ 安排好宝宝睡觉之后，妈妈可以趁这个时间清洗奶瓶和吸奶器，并消毒。

上午9：45

★ 把宝宝的襁褓打开，让他自然醒来。

上午10：00

★ 不论宝宝睡了多久，这时一定要把他叫醒。

★ 如果宝宝在早上7：00那一餐吃得很饱，你就应该在10：45再喂下一顿；如果他第一次吃奶时间比较早，并且在早上7：30有加餐，这一餐就应该稍微提前一些。

★ 把宝宝放在游戏垫上，让他自己玩一会儿。

上午10：45

★ 妈妈此时可以喝一大杯水补充水分，同时让宝宝从上一次喂奶的另一侧乳房开始吃奶，大约20～25分钟，然后再换一侧乳房喂宝宝10～15分钟。

上午11：30

★ 如果此前的两小时，宝宝的精神状态一直很好，那么到11：30他就应该累了，你可以让他在11：45的时候小睡一会儿。

上午 11：45

★ 不论宝宝刚才在做什么，此刻你都应该安抚他，让他放松下来，准备开始睡觉。

★ 检查宝宝的床单，给他换换尿不湿。

★ 宝宝困了的时候，在中午 12：00 前把他放在床上，把襁褓全部包上或者只包一半。

上午 11：45 或中午 12：00 至下午 2：00 或 2：30

★ 宝宝午休时间不要超过两个半小时。

★ 如果他才睡了 45 分钟就醒来，就先检查一下他的襁褓，但不要和他说话，也不要有眼神接触，这样会对他造成过度刺激。

★ 给宝宝 10 ~ 20 分钟，让他自己重新入睡。如果宝宝依然睡不着，你可以把原定下午 2：00 喂的那一餐先让他吃一半，再安顿他睡到下午 2：00。

上午 12：00

★ 妈妈可以利用这个时段消毒奶瓶和挤奶器，接着吃 午饭，然后休息。

下午 2：00 或 2：30

★ 不论宝宝睡了多长时间，在下午 2：30 前必须把他叫醒喂奶。

★ 打开窗帘，把他的襁褓打开，让宝宝自然醒来，给他换尿不湿。

★ 用上一次喂奶的另一侧乳房喂 20 ~ 25 分钟。如果他还是没吃够，再换另一边给他喂 10 ~ 15 分钟，同时，你自己也要喝一大杯水补充水分。

★ 下午 3：15 之前把奶喂完，否则会影响宝宝下一顿吃奶，导致吃奶时间推迟。

★ 如果你想让宝宝晚上 7：00 准时睡觉，那么从现在到下午 4：30，都要尽可能地让他保持清醒状态。如果宝宝上午精神状态很好，那这时他应该有点累了。不要给他穿得太厚，那样会加重困倦感。

★ 把宝宝放在游戏毯上，让他好好玩一会儿。

下午4：15—4：30

★ 给宝宝换尿不湿。

★ 这个时段可以带他出去散散步，保证他的小觉质量，为下一次吃奶和晚上的洗澡养足精神。

★ 如果你想让宝宝在晚上7：00安然入睡，下午5：00以后就不要再让他睡觉了。

下午5：00

★ 在5：00之前把他叫醒吃奶。

★ 用上一次喂奶的另一侧乳房喂奶20分钟，同时你也要喝一大杯水，以补充体内水分。

★ 还有一点很重要，在洗澡之后才可以换另一侧乳房喂宝宝。

下午5：45

★ 如果宝宝白天小睡时总是不断醒来，或者在下午4：30—5：00睡眠质量不高，你就需要早点给他洗澡，早点开始喂下一顿。

★ 在帮他准备洗澡和睡觉时的用品时，可以让他光着屁股活动一会儿。

下午6：00

★ 下午6：00之前给宝宝洗完澡，6：15左右完成抚触和穿衣。

下午6：15

★ 喂奶时间不应晚于6：15。最好在安静昏暗的房间喂他，不要出声讲话，眼神也不要和他接触。

★ 如果宝宝在下午5：00那一顿没吃完另一侧的奶，那么，你就应该先用原来那一侧乳房喂5～10分钟，再换另一侧乳房喂20～25分钟。

★ 还有一点很重要，宝宝应该在距上次醒来后2小时之内上床睡觉。

晚上7：00

★ 如果这时宝宝已经困了，就要在7：00前安顿他上床睡觉，用襁褓把他包上一半。

晚上8：00

★ 在下次挤奶和喂奶之前，你要好好吃顿饭，并休息一下。

晚上9：30

★ 如果你打算在夜里用奶瓶给宝宝喂奶，那么现在就要开始挤奶。

晚上10：00—10：30

★ 开灯，把襁褓打开，让宝宝自然醒来。给宝宝喂奶之前，留出10分钟，让他完全清醒，这样可以让他接下来更好地吃奶。

★ 把换尿不湿要用到的东西都摆出来，再多拿一条床单、一块薄纱布和一块毯子，以防半夜发生什么状况。

★ 用上次喂奶的乳房再喂他20分钟，或者让他喝完奶瓶中大部分的奶，然后换尿不湿，重新包好襁褓。

★ 把灯光调暗，不要有任何语言和眼神交流，用另一侧乳房再喂他20分钟，或者让他把奶瓶中剩余的奶喝完。

后半夜

★ 如果宝宝已经在凌晨4:00前喝了一整顿的奶，到了早上7：00

他会没什么胃口，所以，半夜他如果醒来，可以喂他喝些开水，如果他只喝了 50～60 毫升的开水，接下来早晨 7:00 的进食他会比较有胃口。这样做是为了让他在早晨 7:00 至夜间 11:00 之间摄入大部分的奶量。如果他每星期平均增加体重 180～240 克，那你大可放心逐步减少夜间的喂食，直至完全省略。

★ 如果他在喝过水后还是不能入睡，你就要继续给他喂奶。

★ 如果宝宝在凌晨 4:00 前醒来，要让他多吃一点奶水。

★ 如果宝宝早上四五点就醒了，你可以先喂一次奶，7:00 时再用较胀的一侧乳房喂奶。

★ 如果他早上 6:00 醒，你可以先用一侧乳房给他喂奶，7:30 时再用挤过奶水的另一侧乳房喂他。

★ 和前面所述一样，把灯调暗，尽量保持安静。除非必要，否则不要帮他换尿片。

宝宝在本阶段作息上的调整

睡 眠

对于大多数体重超过 4 千克的宝宝而言，只要上午六七点到晚上 11:00 的时间里，他们摄入了一天所需的全部营养，就基本可以在夜间拉长睡觉的时间了。当宝宝连续几晚都一觉睡很长，就要试着给他们在每天最后一次喂奶前加餐了。

早上 7:00 到晚上 7:00，宝宝的小睡时间加起来最好不要超过 4 个小时。上午的小睡控制在 45 分钟以内，午睡时间保持在 2 小时 15 分钟到两个半小时，不能再比这个时间长了，靠近傍晚的小睡也不要超过半个小时。有些宝宝下午小睡时可能总是会反复醒来，有些宝宝则完全可以取消这次小睡。如果宝宝没办法一直醒到晚上 7 点，就说明下午的小睡不能取消。如果你希望宝宝夜里能一觉睡到次日早上 7 : 00，就要让宝宝在接近晚上 7 : 00 时再睡。

当宝宝在一个半月至两个月大的时候，要保证他上午小睡的时间不超过 45 分钟，否则他的午睡时候可能会变短。如果你发现，尽管午休之前给宝宝喂过奶，但他还是不愿睡，那建议你把上午的小睡缩减到 30 分钟，这样的话，午餐的时间也需要稍微提前。

午　睡

从一个半月大起，如果宝宝上午的小睡睡足了 45 分钟，午睡时就会在两小时左右醒来。如果因为特殊原因，宝宝上午的觉睡得特别短，你就要让他中午睡够两个半小时。如果宝宝夜里睡得很不好，那一大部分可能就是他白天睡多了，这种情况你可以把上午的小觉控制在 30 分钟内，午睡不超过两个小时。

当宝宝两个月大的时候，你会发现他的午睡可能出现一些状况，比如刚睡 30 ~ 40 分钟后就醒了，再也不睡了。这是因为宝宝的睡眠模式开始接近成人，先是进入浅层次睡眠，再进入做梦阶段（也就是快速眼动睡眠），然后进入深层次睡眠。有些宝宝进入浅层次睡眠的时候会自己爬起来，另一些宝宝则会完全醒过来。

如果宝宝午睡时醒来，你可以让宝宝自己待 10 ~ 20 分钟，看看他能不能自己把觉接回去。如果宝宝没办法自己再度入睡，并且表现得非常不舒服，你就要走到他身边，把原定下午 2 : 00 的那一餐奶先让他吃一半（就像夜里那样喂他），再安顿他睡下；如果这样，宝宝还是睡不着，那就取消午睡，直接让他起床。

如果你把午睡时间缩短，很明显，宝宝下午 1 : 00—4 : 00 的情绪就会受影响。怎么解决这个问题？最好的办法就是，下午 2 : 30 喂奶后让他睡半个小时，4：30 之后再安顿他睡 20～30 分钟，这样可以防止宝宝过度疲劳，变得烦躁易怒，或者退回以前的状态。这样一来，宝宝在晚上 7：00 就能睡得很好。

现在宝宝上午小睡和晚上 7：00 入睡时，襁褓只需半包着就可以了。到第 2 个月结束时，夜间喂奶和睡觉时只要包一半即可。有些宝宝可能因为脱离了襁褓，总是会在夜间醒来，这时可以尝试不喂奶，重新给他包襁褓，让他再度入睡。

喂 奶

在猛长期，要延长母乳宝宝吃奶的时间，让宝宝吃到足够的奶水，以满足每天的营养需求。如果你一直在挤奶，现在就要每次少挤 30 毫升，保证宝宝的营养需要得到满足。此外，在第 2 个月结束的时候，你就要取消掉早上 6：45 的那次挤奶。如果你一直没挤过奶，就可以遵照书里的进餐规律，安排适合宝宝月龄的进餐时间，但是必须在白天小睡之前给宝宝喂点儿奶。这样大概一周左右，你的奶量就会明显增加，比如，你的宝宝可能每次小睡都睡得很好，或者吃了这一顿后能撑很长时间。如果持续这样的话，你就要逐渐减少给宝宝加餐的时间，直到恢复原定的进餐时间安排。

对于奶粉喂养的宝宝，如果他总能喝光奶瓶里的奶，那你就要从早上第一餐开始，给宝宝增加 30 毫升的分量；如果他这一天每餐都已经加量，夜里还是睡不了太长时间，就要把晚上睡前最后一顿奶也给他加点量，但总的来说，晚上最后一餐不要超过 180 毫升，除非宝宝出生时体重就超过了 4.6 千克。另外，这个阶段的宝宝需要用三孔的中流速奶嘴。

对于那些一个半月到两个月大的宝宝而言，只要白天的进食状况良好，睡眠时间没有超过建议的时间，体重也在稳步增长，并且已经超过 4 千克，就应该能在吃完夜里最后一顿奶后睡上五六个小时。如果他每天吃的奶足够，却还是会在凌晨两三点醒来，那我会建议你，从现在开始，夜里 10：00—11：15 给他分次喂奶。这样，他喝的奶会比平时多，中途也醒了一段时间，夜里应该就能睡得更长一些。当然，如果想让这个方法更起作用，你就要在晚上 9：45 之前把宝宝叫醒，保证他晚上 10：00 吃奶时是完全清醒的状态。这个时候，宝宝想吃多少就让他吃多少，然后让他在游戏垫上玩一会儿，晚上 11：00 再把他带到卧室，换完尿不湿，再喂一次奶。如果宝宝喝奶粉，那第二次喂奶的时候，就给他重新冲一次奶粉。

如果宝宝夜里总醒，你可以检查一下他是不是蹬掉了身上的毯子，这也是宝宝夜里经常醒的另一个重要原因。如果他毯子掖得好好的，依然还是会醒，你就可以给他喂一些温开水，睡不着就再喂一次，同时试着查查宝宝夜里老睡不好的原因。如果宝宝能够睡着，但早上 5：00 左右就醒了，你可以让宝宝饱餐一顿，然后在早上 7：00—7：30 再给他加餐一次，这样有助于他在白天其他时间保持正常的作息规范。慢慢地，一周之内，他们的夜间睡眠就会逐渐增加，也能睡到早上 7：00。

你要继续增加宝宝白天的奶量，而不是晚上的。大多数宝宝在早上 7：00 吃完奶以后，可以愉快地坚持较长一段时间，这时候你要尽量等到早上 10：45 再喂他。如果宝宝在上午 7：00—7：30 吃的是加餐，而不是完整的一餐，他可能就撑不到上午 10：45—11：00 再吃下一餐。这种情况，你就可以在上午 10：00—10：15 先给他吃半餐，在午睡以前再给他加餐一次，保证他中午睡觉不被饿醒。

12

第2～3个月

The New Contented
Little Baby Book

第2~3个月的作息规范

喂奶时间	早7：00—晚7：00的睡眠时间
上午7：00 上午10：45或上午11：00 下午2：00或2：15 下午5：00 下午6：00或6：15 晚上10：00或10：30	上午9：00—上午9：45 中午12：00—下午2：00或2：15 下午4：45—下午5：00 白天最长睡眠时间：3.5小时
挤奶时间：晚上9：30	

上午7：00

★ 早上 7：00 之前叫醒宝宝，给他换尿不湿、喂奶。

★ 用一侧乳房喂奶 20 分钟，再换另一侧乳房喂 10 ~ 15 分钟。

★ 早上 7：45 以后，不要再给宝宝喂奶，否则，会使下一次喂奶的时间延后。

★ 喂他喝完奶之后两个钟头内不要再让他睡觉。

★ 上午 8：00，让宝宝自己在游戏垫上玩一会儿，妈妈趁这段时间吃一些麦片、烤面包，喝点果汁或牛奶。

★ 给宝宝洗澡、穿衣服，并在皮肤干燥和褶皱部位擦上乳液。

上午8：50

★ 检查一下尿不湿、床单，让宝宝安静下来，准备休息。

上午9：00

★ 上午 9：00 之前把宝宝放在床上，把襁褓包裹一半，掖到他的腋下。宝宝这次小睡时间不要超过 45 分钟。

★ 安排好宝宝睡觉之后，妈妈可以趁这个时间清洗奶瓶和吸奶器，并消毒。

上午 9：45

★ 把宝宝的襁褓打开，让他自然醒来。

上午 10：00

★ 不论宝宝睡了多久，这时一定要把他叫醒。

★ 把宝宝放在游戏垫上，让他自己玩一会儿。

上午 10：45—11：00

★ 妈妈此时可以喝一大杯水补充水分，同时让宝宝从上一次喂奶的第二边乳房开始吃奶，大约 20 分钟，然后再用另一侧乳房喂宝宝 10~15 分钟。

上午 11：45

★ 不论宝宝刚才在做什么，此刻你都应该安抚他，让他放松下来，准备开始睡觉。

★ 检查宝宝的床单，给他换换尿不湿。

★ 在中午 12：00 之前安顿宝宝上床睡觉，半包襁褓。

中午 12：00 至下午 2：00 或 2：15

★ 宝宝午休时间不要超过 2 小时 15 分钟。

★ 如果他才睡了 45 分钟就醒来，就先检查一下他的襁褓，但不要和他说话，也不要有眼神接触，这样会对他造成过度刺激。

★ 给宝宝 10 ~ 20 分钟，让他自己重新入睡。如果宝宝依然睡不着，你可以把原定下午 2：00 喂的那一餐先让他吃一半，再安顿他睡到下午 2：00—2：15。

★ 妈妈可以利用这个时段消毒奶瓶和挤奶器,接着吃午饭,然后休息。

下午 2 : 00 或 2 : 15

★ 从宝宝躺下时开始算起,2 小时 15 分钟之后,无论宝宝睡了多久,都要在 2 : 30 之前叫他起床,给他喂奶。

★ 把宝宝的襁褓打开,让他自然醒来,给他换尿不湿。

★ 用上一次喂奶的另一侧乳房喂 20 分钟。如果他还是没吃够,再换另一侧给他喂 10 ~ 15 分钟,同时,你自己也要喝一大杯水补充水分。

★ 下午 3 : 15 之前把奶喂完,否则会影响宝宝下一顿吃奶,导致吃奶时间推迟。

★ 从现在到下午 4 : 45 之前,要让宝宝保持完全清醒的状态,这样他晚上 7 : 00 才能够安然入睡。

下午 4 : 15

★ 给宝宝换尿不湿,4 : 30 之前给宝宝喝一点白开水。

★ 宝宝可以在 4 : 45—5 : 00 小睡一次。

★ 如果你想让宝宝在晚上 7 : 00 安然入睡,下午 5 : 00 以后就不要再让他睡觉了。

下午 5 : 00

★ 在 5 : 00 之前让宝宝彻底清醒,给他喂奶。

★ 用上一次喂过宝宝的那一侧乳房喂奶 15 分钟,同时你自己也要喝一大杯水。

下午 5 : 45

★ 如果宝宝白天小睡时总是不断醒来,或者在下午 4 : 45—5 : 00

睡得不是很好，你就需要早点给他洗澡，早点开始喂下一顿。

★ 在帮他准备洗澡和睡觉时的用品时，可以让他光着屁股先活动一会儿。

下午6：00

★ 下午6：00之前给宝宝洗完澡，6：15左右完成抚触和穿衣。

下午6：15

★ 喂奶时间不应晚于6：15。最好在安静昏暗的房间喂他，不要出声讲话，眼神也不要和他接触。

★ 如果宝宝在下午5：00那一顿没吃完另一侧的奶，那么，你就应该先用原来那一侧乳房喂5～10分钟，再换另一侧乳房喂20分钟。

★ 还有一点很重要，宝宝应该在距上次醒来后2小时之内上床睡觉。

晚上7：00

★ 如果这时宝宝已经困了，就要在7：00前安顿他上床睡觉，用襁褓把他包上一半。

晚上8：00

★ 在下次挤奶和喂奶之前，你要好好吃顿饭，好好休息一下。

晚上9：30

★ 如果你打算在夜里用奶瓶给宝宝喂奶，那么现在就要开始挤奶。

晚上10：00—10：30

★ 开灯，把襁褓打开，让宝宝自然醒来。给宝宝喂奶之前，留出

10 分钟，让他完全清醒，这样可以让他接下来更好地吃奶。

★ 把换尿不湿要用到的东西都摆出来，再多拿一条床单、一块薄纱布和一块毯子，以防半夜发生什么状况。

★ 用上次喂奶的乳房再喂他 20 分钟，或者让他喝完奶瓶中大部分的奶，然后换尿不湿，重新包好褓襁。

★ 把灯光调暗，不要有任何语言和眼神交流，用另一侧乳房再喂他 20 分钟，或者让他把奶瓶中剩余的奶喝完。

后半夜

★ 如果宝宝在早晨 5：00 前喝过奶了，那么，早晨 7:00 这一餐他可能不太想吃，所以，半夜醒来最好给他开水喝，这样做是为了让他在早晨 7：00 至夜里 11:00 间，把一天所需的奶量大部分摄取完毕。只要他平均一星期增加至少 180 克体重，那在清晨 5:00 前就不需要喂他喝奶。

★ 如果他清晨 5:00 起床，那就先喂他吃一边的奶，然后再换另一边吃 5 ～ 10 分钟。

★ 如果 6:00 醒来，那就让他先吃一边的奶水，吃完先睡，等到 7：30 时再喂另一边。

★ 不要在夜晚逗他，除非必要，否则不用帮他换尿片。

宝宝在本阶段作息上的调整

睡　眠

对于大多数体重超过 5.4 千克的宝宝来说，只要早上 7：00 到晚上 11：00 能摄入一天的营养所需，夜里基本就可以安静地睡一个整觉。前提是他在早上 7：00—晚上 7：00 的总睡眠时长不超过三个半小时。但对于纯母乳喂养的宝宝，晚上可能还会醒一次吃奶，早上也可能在 5：00—6：00 醒来。

白天让他少睡 30 分钟，总共睡 3 个小时。上午的小睡时间不要超过 45 分钟。但是，如果宝宝午睡质量不高，就可以把上午的小睡缩减到 30 分钟。午睡时间不要超过 2 小时 15 分钟。在这个阶段，宝宝的午睡有时候会出现状况，比如他可能刚睡 30~45 分钟就醒了，这时，你要尽量让宝宝自己学会再次入睡，以免养成不好的睡眠习惯。

大多数宝宝现在可以取消傍晚的小睡了。如果你的宝宝没有取消，也不要让这个小觉超过 15 分钟。特殊原因除外，比如他可能中午没睡好，这时就可以让他多睡一会儿。这个阶段的宝宝，白天睡觉时，襁褓都应该只包一半。

很多宝宝还有睡着时因为踢掉被子而醒来的经历。如果你的宝宝出现了这种情况，建议买一个夏季睡袋。这种睡袋很薄，可以再加一条被单把宝宝掖在床上，也不用担心他们会太热。

进　餐

宝宝现在应该已经适应了每天吃 5 次奶的进餐习惯。如果是母乳宝宝，早上醒来也会比较早，这时你可以用挤出来的母乳或者冲好的奶粉给他加餐。如果宝宝每天都可以有规律地睡到早上 7：00，就可以逐渐把最后一餐喂奶，每隔 3 天提前 5 分钟，一直提前到晚上 10：00。只要他还可以睡到早上 7：00，并且进食状况良好，你就可以逐渐地把原定于上午 10：45 吃的那一餐推后到上午 11：00。

一旦连续两周，宝宝都能一觉睡到天亮，你就可以取消下午 5：00 的那次喂奶。但如果他一直不能睡整觉的话，我就不建议你取消，因为如果下午 6：15 宝宝吃得太多，那他晚上最后一餐肯定就吃不了多少，这样他夜里容易饿，早上自然就醒得早。我护理过很多宝宝，在他们吃固体食物之前，我会继续分次喂奶，保证他们吃到足量的奶水。一旦你取消下午 5：00 那一餐，又在洗完澡后让他大吃一顿，宝宝就会突然不吃晚上最后一餐，连带着早上也早醒。如果真的出现这种情况，我会建议你下午 5：00—6：15 给宝宝分次喂奶，直到宝宝开始吃固体食物并一觉睡到早上 7：00 为止。

如果你想让宝宝更快地适应奶瓶，最好在上午 11：00 那一餐用奶瓶给他喂奶。每天逐渐减少 2 ~ 3 分钟的喂母乳时间，然后用奶粉给宝宝加餐。在第 1 周要结束时，如果宝宝能喝下 150 ~ 180 毫升奶粉，你就可以轻松地停掉母乳，也不用担心会患上乳腺炎。奶粉宝宝遇到第 9 周的猛长期，应该根据宝宝的需要，适当增加上午 7：00，11：00 和下午 6：15 这三顿的奶量。

转入第 3 ~ 4 个月的作息规范

只要你的宝宝白天没有睡太多，晚上也可以适应第 2 ~ 3 个月的作息规范，就可以开始考虑转入下一阶段的作息规范。但是，如果你遵循了我的所有建议，宝宝却依然无法达到相应作息规范所规定的睡眠时长，你就要继续执行第 2 ~ 3 个月的作息规范，尽量改进宝宝晚上的睡眠质量。你可以试着暂停夜间喂奶一段时间，看看宝宝晚上 7:00 后能不能睡上更长时间。如果他可以睡更长时间，你就可以重新开始夜里喂奶,这样会让他在夜里 11：00 到早上 7：00 睡得更长。一旦达到此目的，就可以转入第 3 ~ 4 个月的作息规范了。

13

第3～4个月

The New Contented
Little Baby Book

第3～4个月作息规范

进餐时间	早7：00—晚7：00的休息时间
上午7：00 上午11：00 下午2：15或2：30 下午5：00 下午6：00或6：15 晚上10：00或10：30	上午9：00—9：45 中午12：00—下午2：00或2：15 每天最长睡眠时间：3小时
挤奶时间：9：30	

上午7：00

★ 早上7：00之前叫醒宝宝，给他换尿不湿、喂奶。

★ 让宝宝吃两边的奶，或者让他喝整整一瓶奶。到这个阶段，大多数宝宝吃母乳的时间会开始缩短，这种时候你要让宝宝自己做主要吃多少。如果他能很愉快地撑到下一次喂奶，那他肯定会把这一顿没吃够的在下一顿补足。

★ 喂他喝完奶之后两个钟头内不要再让他睡觉。

上午8：00

★ 在你吃早餐时，把宝宝放在游戏垫上，让他活动20～30分钟。

★ 给宝宝洗澡、穿衣服，并在皮肤干燥和褶皱部位擦上乳液。

上午9：00

★ 在9:00之前，把宝宝放到床上睡觉，襁褓要敞开一半。这个时间段，他的睡眠时间不要超过45分钟。

★ 安排好宝宝睡觉之后，妈妈可以趁这个时间清洗奶瓶和吸奶器，并消毒。

上午9：45

★ 把宝宝的襁褓打开，让他自然醒来。

上午10：00

★ 无论宝宝睡了多久，现在都应该把他叫醒了。

★ 让他在游戏垫子上活动一会儿，或者带他出去逛逛。

上午11：00

★ 宝宝应该处于完全清醒的状态，然后用两侧乳房或奶瓶给他喂奶。

上午11：50

★ 检查一下床单，给宝宝换尿不湿。

★ 在12:00之前安顿宝宝睡下，把襁褓敞开一半。

中午12：00至下午2：00或2：15

★ 宝宝需要睡一个午觉，时间从宝宝躺下开始算起，不要超过2小时15分钟。

★ 妈妈可以利用这个时段消毒奶瓶和挤奶器，接着吃午饭，然后休息。

下午2：00或2：15

★ 从宝宝躺下时开始算起，2小时15分钟之后，无论宝宝睡了多久，都要在2:30之前叫他起床，给他喂奶。

★ 把宝宝的襁褓敞开，让他自然地醒来，给他换尿不湿。

★ 用两侧乳房或者奶瓶给他喂奶。

★ 一定要在3：15之前喂奶，否则就会推迟下一次吃奶的时间。

★ 如果宝宝白天两个小觉都睡得很好，下午就不需要再睡觉了。

下午 4：00 或 4：15

★ 给宝宝换尿不湿，在 4：30 之前给他喝一杯温开水。

★ 如果宝宝午睡没有睡好，从现在到 5：00 可以让他小睡一觉。

★ 如果你想让宝宝在晚上 7：00 安然入睡，下午 5：00 以后就不要再让他睡觉了。

下午 5：00

★ 用上一顿没吃完的那侧乳房给宝宝喂 15 分钟，或者用奶瓶喂他奶。

下午 5：45

★ 脱掉尿不湿，让宝宝光着屁股活动一会儿。你可以抽空准备给宝宝洗澡和睡觉要用的东西。

下午 6：00

★ 下午 6：00 之前给宝宝洗完澡，6：15 左右完成抚触和穿衣。

下午 6：15

★ 一定要在 6：15 之前给宝宝喂奶。

★ 如果宝宝在下午 5：00 那一顿没吃完另一侧的奶，那么，你就应该先用原来那一侧乳房喂 5 ~ 10 分钟，再换另一侧乳房喂 20 分钟，或者用奶瓶给他喂奶。

★ 把灯光调暗，在你整理东西时，把宝宝放在椅子上坐 10 分钟。

晚上 7：00

★ 在晚上 7：00 之前安顿宝宝上床睡觉，用襁褓把他包上一半。

★ 有一点非常重要，那就是在下次挤奶和喂奶之前，你要好好吃一顿饭，好好休息一下。

晚上 9：30

★ 如果你打算在夜里用奶瓶给宝宝喂奶，那么现在就要开始从两边乳房挤奶。

晚上 10：00 或 10：30

★ 把灯打开，敞开宝宝的襁褓，让他自然醒来。

★ 喂宝宝吃下大部分的母乳，或者让他喝完奶瓶中的大部分奶，给他换尿不湿，重新用襁褓把他包上一半。

★ 把灯光调暗，不要和他说话或者有眼神接触，让宝宝把这一顿剩余的奶吃完。

宝宝在本阶段作息上的调整

睡　眠

如果你已经按照我的作息法，合理安排了宝宝一天的喂奶时间和小睡时间，那么，你的宝宝应该就可以一觉睡到早上六七点了。

如果宝宝开始出现早起迹象，那最大的可能就是他饿了。你可以在每天最后一顿让他多吃一些，如果有必要，还可以把这餐分成两次喂他。同时你也要保证，早上 7：00 到晚上 7:00 这段时间，他的睡眠总时长不要超过 3 个小时。有的宝宝可能白天的觉少，你就可以让他上午睡半个小时，中午睡 2 个小时，总睡眠时间缩短到两个半小时左右。

如果宝宝可以很好地遵循这样的作息规范，下午的小睡时间就可以减短，或者取消。不过，这样接下来，他晚上睡觉就可能需要提前 5 ～ 10 分钟。如果宝宝的午觉不到 2 小时，那下午 4：00—5：00 最好就让他小睡一会儿，时间不要超过半个小时。如果没睡的话，他晚上可能会因为过度疲劳而难以入睡。

在宝宝三四个月大的时候，如果他连续两周都可以有规律地一觉睡到早上 7：00，那晚上 10：00 的喂餐时间就可以逐渐缩减到 30 分钟。在这个时间段，房间里要非常安静，就像半夜吃奶的时候一样。每隔 3 晚，把最后一顿奶的喂奶时间提前 10 分钟，直到宝宝可以在晚上 10：00 边瞌睡边快速吃完奶。但是，如果你的宝宝依然在凌晨 5：00—6：00 醒来，我还是建议每天晚上最后一次喂奶的时候，让他至少保持 1 个小时的清醒状态，当然你也可以把晚上最后一餐分成两次来喂。

如果你发现宝宝经常从半身襁褓里挣脱出来，那就不要用襁褓包他，直接让他睡在纯棉的睡袋里。当然，你还是要把他的盖被掖好，根据室内温度来选择用纱巾还是毛毯给他盖好。

进 食

在三四个月大的时候，如果宝宝至少两周都可以一觉睡到早上 7：00，你就需要在白天给他加餐，以满足他在猛长期对营养的需求，防止宝宝夜里反复醒来。如果宝宝一直是母乳喂养，并且晚上最后一餐也用挤出来的母乳给他喂了一餐，但他还是频频夜醒，那你就需要在最后一餐给他多喂一些。如果早上起来，你发现自己已经挤不出多余的奶，这时候你可以参考其他妈妈的方法，试着给宝宝冲一些奶粉，或者跟医院护理人员探讨一下这个问题。

如果宝宝每天吃 4 次奶，每次都可以喝下 210 ～ 240 毫升的奶粉，那他每天最后一餐可能只需要喝 120 ～ 180 毫升的奶粉。但如果宝宝不能一觉睡到天亮，我还是建议最后一次喂 210 ～ 240 毫升的奶，即便这样可能导致宝宝早上起来不爱吃奶，那也不妨试一试，看看这种方法能不能让他夜里睡得久一点。

有些宝宝，在三四个月大的时候，已经完全取消了最后一餐。这种情况下，如果他能一觉睡到天亮就没有问题，但如果他半夜又开始醒来，并且10分钟后还是睡不着，那他很可能就是饿了，妈妈应该给他喂奶。这之后，你可能每天晚上还是要让他吃最后一餐，直到他添加了固体食物为止。

如果你发现，宝宝总是在凌晨四五点之前就醒来，而且不喝白开水只喝奶，你就需要把他每次醒来的具体时间、醒后吃奶的量以及白天的休息时间详细地记录下来，看看他是习惯性夜醒，还是只是因为饿了。

不管是母乳宝宝还是奶粉喂养的宝宝，只要他的体重增长正常，就基本可以断定，他的夜醒是出于一种习惯，所以才不喝白开水。这样的情况，你可以在他们醒来后，先不去管他，等15～20分钟，让宝宝自己睡着。对于这个月龄的宝宝，也有很多是因为半夜踢被子才总是醒来，所以，妈妈睡前一定要检查好，宝宝的被子有没有掖好。

如果奶粉喂养的宝宝在早上7：00到夜里11：00之间，已经喝了995～1130毫升的奶，夜里应该就不需要再吃东西了。而母乳喂养的宝宝，或许在早上5：00—6：00还需要喂一次奶，因为他们晚上最后一顿可能没有吃饱。

不论宝宝吃母乳还是奶粉，如果你想知道他是不是可以取消晚上那一餐，你可以观察他在早上7：00—7：30之间的吃奶状况。如果宝宝吃奶的时候狼吞虎咽，他可能是真的饿了；但如果他显得烦躁易怒，并且拒绝吃奶，我就会认为他过早醒来是因为习惯，而不是饿，这时候我会给他喝一点白开水，或者抱着他哄一哄。

如果宝宝夜里最后一餐的吃奶时间缩短到了30分钟，依然可以一觉睡到早上7：00，且早上7：00的奶量开始变小，你就可以慢慢减少每天最后一次喂奶的量。当然，前提是你的宝宝可以很好地睡到早上 7：00，如果他不能睡这么久，就不要轻易减少。一般来说，我并不建议未满 6 个月且还没习惯固体食物的宝宝，彻底取消每天最后一餐。因为，如果你在此之前就取消了这一餐，而宝宝正在经历猛长期，你就会发现半夜你要多次起夜给他喂奶。

　　如果宝宝只吃母乳，体重超过了 6.3 千克，你会发现在猛长期，无论如何都要在夜里起来喂奶，直到宝宝开始吃固体食物。如果你觉得自己的奶量不足，可以参照本书后面的追奶计划，更好地刺激乳汁分泌。

14

第4～6个月

*The New Contented
Little Baby Book*

第4～6个月作息规范

进餐时间	早7：00—晚7：00的睡眠时间
上午7：00 上午11：00 下午2：15或2：30 下午6或6：15 晚上10：00	上午9：00—9：45 中午12：00—下午2或2：15 每天白天睡眠时间：3小时
挤奶时间：晚上9：30	

上午7：00

★ 早上7：00之前叫醒宝宝，给他换尿不湿、喂奶。

★ 让宝宝两边吃奶，或者给他冲一瓶奶粉。

★ 喂他喝完奶之后两个钟头内不要再让他睡觉。

上午8：00

★ 在你吃早餐时，给宝宝20～30分钟，让他自己在游戏垫上玩一会儿。

★ 给宝宝洗澡、穿衣服，并在皮肤干燥和褶皱部位擦上乳液。

上午9：00或9：15

★ 在9：15之前，给宝宝穿好睡袋，掖好被子。这个时间段，他需要30～45分钟的小睡。

★ 妈妈可以趁这个时间清洗奶瓶和吸奶器，并消毒。

上午9：45

★ 把被子掀开，让宝宝自然醒来。

上午 10：00

★ 无论宝宝睡了多久，现在都应该把他叫醒了。

★ 让他在游戏垫子上活动一会儿，或者带他出去逛逛。

上午 11：00

★ 在宝宝吃固体食物之前，先用两侧乳房给他喂奶，或者用奶瓶喂。

★ 在帮他收拾餐具的时候，让宝宝在椅子上面坐一会儿。

上午 11：50

★ 检查一下宝宝的床单，给他换尿不湿。

★ 在中午 12：00 之前，给他穿好睡袋，披好被子。

中午 12：00

★ 宝宝这时应该午睡，从他上床开始，不要让他睡超过 2 个小时 15 分钟。在下次给宝宝喂奶之前，你应该吃完午餐，好好休息一下。

下午 2：00 或 2：15

★ 无论宝宝睡了多长时间，从他上床开始，2 小时 15 分钟之后必须把他叫醒，并且在 2：30 之前给他喂奶。

★ 把被子掀开，让宝宝自然醒来，给他换尿不湿。

★ 喂他吃两边的奶，或者给他冲泡一瓶奶粉。

★ 不要在 3：15 之后再给他喂奶，那样会推迟下一次吃奶的时间。

★ 如果他在早上和中午的小睡都睡得很好，下午的小睡就可以省略。

下午 4：15

★ 在下午 4：30 之前，给宝宝换好尿不湿，再给他喂点水。

★ 如果宝宝中午没有睡好，下午 5：00 点之前就可以让他小睡一会儿。

★ 如果你想在晚上 7：00 按时安顿宝宝睡觉，下午 5：00 后就不要再让他睡了。

下午 5：00

★ 这时，宝宝应该精神很好地在等着接下来的洗澡和吃奶。如果他不开心，就让他接着上一次吃奶的乳房再吃 10 ~ 15 分钟，或者用奶瓶喂奶。

下午 5：30

★ 当你在帮他准备洗澡要用的东西时，可以让他先光着屁股在游戏垫上好好活动活动。

下午 5：45

★ 最迟在 5：45 之前，必须给宝宝洗完澡，并且在 6：00—6：15 之前完成抚触、穿衣。

下午 6：00 或 6：15

★ 根据宝宝的疲劳程度，在下午 6：00—6：15 之间选一个时间给他喂奶。

★ 用两侧乳房给宝宝喂奶，或者冲一瓶奶粉给宝宝吃。如果宝宝在下午 5：00 那一顿没吃完另一侧的奶，那么，你就应该先用原来那一侧乳房喂 5 ~ 10 分钟。记住一点，这次喂奶不管喂的是母乳还是配方奶，都要让宝宝吃足 20 分钟。

★ 在整理东西时，把宝宝放在椅子上面，把灯光调暗。

★ 如果你想早点给宝宝断奶，现在就可以给他吃固体食物。

晚上7：00

★ 在晚上7：00之前，帮宝宝穿好睡袋，掖好被子。

★ 有一点非常重要，那就是在下次挤奶和喂奶之前，你要好好吃顿饭，好好休息一下。

晚上9：30

★ 如果你打算在夜里用奶瓶给宝宝喂奶，那么，现在就要开始从两边乳房挤奶。

晚上10：00

★ 把灯打开，把宝宝叫醒，让他清醒着吃奶。

★ 脱掉宝宝的睡袋，喂他吃奶，先让他吃一大部分，再帮他换尿不湿，然后重新穿好睡袋。

★ 把灯光调暗，不要和他说话或者有眼神接触，让宝宝把这一顿剩余的奶吃完。但是不要强迫宝宝吃，因为从这个时候开始，宝宝这一顿的饭量可能开始减少。

★ 这次喂奶不要超过30分钟。

★ 用一张薄被单把宝宝包起来。

宝宝在本阶段作息上的调整

睡　眠

在4～6个月大的时候，宝宝吃完晚上最后一餐后，应该都可以一觉睡到早上六七点。当然，前提是宝宝每天吃奶 4 ~ 5 次，并且在早 7：00 到晚 7：00 的睡眠时间不超过 3 小时。

如果宝宝依然在夜里醒来，但是你又确定他不是饿醒的，那么，建议你试着使用本书后面提到的"协助睡眠法"。如果这种方法还是对他的夜醒没有改善，那或许只能说明，你的宝宝就是不爱睡觉，这种情况建议你逐渐把他白天的睡眠时间缩减到两个半小时。如果几周之后还是没有任何起色，建议你取消每天最后一次的喂奶，看看他究竟可以睡多长时间。你可以根据宝宝醒来的时间，判断是不是应该继续给他吃晚上最后一餐。

比方说，如果你的宝宝可以从晚上 7：00 一觉睡到早上 5：00，起来吃过奶后接着又睡到早上 7：00，而且他在早上 7：00 到晚上 7：00 之间至少需要一段较长时间的休息，那么像这种情况，我认为也比他晚上 10：00 起来吃最后一餐，早上 5：00 又醒来吃奶好得多。

如果你把晚上最后那餐取消后，宝宝还是在凌晨 1：00—5：00 的某个时候醒来，那我建议你继续给他吃晚上最后一顿，以免宝宝在半夜到凌晨 5：00 之间醒来两次。

如果宝宝体重超过 6.8 千克，半夜总是饿醒，尤其是母乳喂养的宝宝，那你依然要在夜里起来给他喂奶，一直到他满 6 个月开始吃固体食物。如果你认为各种迹象表明宝宝可以断奶，也可以咨询一下相关护理人员或者医生，看看能不能早一点断奶。如果你决定继续在晚上给他喂奶，那么一定要注意，喂奶的过程要快而安静，之后尽快安顿他睡下，让他一觉睡到早上 7：00。

如果你还没有给宝宝用睡袋，建议在这个阶段买一个睡袋。因为再晚的话，宝宝可能不会那么快适应睡袋，也可能会不爱穿。

如果宝宝午觉没有睡够两个小时，你可以把早上的小睡时间缩短到 20 ~ 30 分钟，把原定于 11：00 的那次喂奶提前到 10：30。在睡午觉之前，给他加一顿餐。

进 食

建议在宝宝开始吃固体食物之前，每天晚上还是给他喂奶。在过去，4个月以上的宝宝就可以添加固体食物了，而现在大多数建议是6个月以上再加。当宝宝在4～6个月大之间，会经历一个猛长期，妈妈一定要尽可能满足这个阶段宝宝的营养需求。

以我的经验看，处于猛长期的宝宝，一天喂4次奶很难满足他的需求。如果你决定取消每天最后一餐的喂奶，却发现宝宝早上开始醒得早，或者晚上很难入睡，那多半是宝宝饿了，这时候就应该给他喂奶，一直坚持到他添加固体食物以后。如果你发现，晚上喂奶的时候宝宝有点抗拒，但是凌晨5：00又总是饿醒，这种情况你就可以在5：00给他好好喂一顿，再安顿他睡下，让他一直睡到早上7：00，早上8：00前再加一餐；接下去的一顿也提前到上午10：00—10：30之间给他喂奶；在睡午觉之前，建议你再给宝宝加餐一次，这样可以保证他的午觉能睡好。

还有的猛长期中的宝宝，一天吃5次奶也不够。如果是这样的情况，你可以把早上那一餐分成两次，并且把之前已经取消掉的下午5：00那餐，重新安排出来，给宝宝喂奶。

如果宝宝在加餐之后依然表现得非常不开心，并且显现出各种可以断奶的迹象，你就可以和相关护理人员或者医生探讨一下是否可以断奶。如果他们建议你在6个月之前就给宝宝断奶，那你在准备固体食物的时候一定要小心。在这个阶段，宝宝还是以吃奶为主，固体食物只是让宝宝尝尝鲜，是吃奶之余的辅助性饮食，千万不可以将固体食物完全代替奶水。为了避免这种情况，最好在宝宝吃完了他该吃的奶后，再给他吃固体食物。

一般来说，在宝宝添加固体食物的时候，我会建议你在中午11：00

喂奶之后，再给他吃一些用母乳或是奶粉冲泡的婴儿米粉。如果宝宝可以接受这种口味，你可以把米粉换到晚上 6：00 喂奶后再给他吃，在中午 11：00 喂奶之后，让他吃一些断奶食物。

如果你发现宝宝太累了，以至于晚上 6：00 吃奶后不想再吃固体食物，就可以在下午 5：15 和 5：30 让他喝三分之二的奶，再给他喂固体食物。接着洗完澡之后，再把剩下的三分之一的奶喂给他吃。如果宝宝喝奶粉，你最好准备两瓶冲好的奶粉，确保宝宝喝到的都是新鲜的奶粉。

一旦这一餐给宝宝吃了固体食物，随着他摄入固体食物量的增加，自然而然地，宝宝一天最后一餐的奶量就会减少。如果宝宝吃这顿奶的时间很短，或者只喝了几十毫升冲好的奶粉就不喝了，你可以考虑取消每天最后一餐，也可以避免他第二天早醒的风险。

15

第6～9个月

The New Contented
Little Baby Book

第6~9个月作息规范

进餐时间	早7：00—晚7：00的睡眠时间
上午7：00 中午11：30 下午2：30 下午5：00 下午6：30	上午9：15或9：30—10：00 下午12：30—2：30 白天最长睡眠时间2.5~2.75小时

上午7：00

★ 早上7：00之前叫醒宝宝，给他换尿不湿、喂奶。

★ 用两侧乳房给宝宝喂奶，或者喂冲泡好的奶粉，然后吃点麦片加母乳或奶粉，以及吃点水果。

★ 让宝宝连续醒2~2.5小时。

上午8：00

★ 让宝宝在地垫上舒展一下腿脚，或者做做游戏，大约20~30分钟。你可以利用这个时间吃早餐。

★ 给宝宝洗漱、穿衣，同时不要忘了给他全身褶皱和易干燥部位涂上乳液。

上午9：15或9：30

★ 在9：30之前，把窗帘拉上，给宝宝穿好睡袋，关灯关门。睡觉时间控制在30~45分钟。

上午9：55

★ 把窗帘拉开，睡袋打开，让宝宝自然醒来。

★ 不管宝宝睡了多久，这时都该醒来了。

★ 让他在游戏垫上好好地伸展筋骨，或者带他出门逛逛。

上午11：30

★ 对于7个月大的宝宝，先让他吃完大部分的固体食物，再让他用水杯喝水或者稀释的果汁。可以让宝宝一边吃食物一边喝东西。

★ 在你吃午餐的时候，可以鼓励宝宝自己坐在椅子上，吃一点小零食之类的。

下午12：20

★ 检查一下床单，给宝宝换尿不湿。

★ 把窗帘拉上，12：30之前安顿宝宝在睡袋里睡下，关灯关门。

下午12：30—2：30

★ 这时候宝宝该午睡了，从他上床开始算起，别让他的午睡时间超过2小时。

下午2：30

★ 不管宝宝睡得如何，他都应该在两点半之前起床，吃奶。

★ 把窗帘打开，睡袋敞开，让宝宝自然醒来，给他换尿不湿。

★ 用两侧乳房或者奶瓶给他喂奶。

★ 喂奶的时间不要晚于下午3：15，否则会推迟下一次吃奶的时间。

下午4：15

★ 给宝宝换尿不湿。

下午5：00

★ 先把这一餐他该吃的大部分固体食物喂给他，然后用杯子倒些开水给他喝。有一点很重要，晚上睡觉前那一餐宝宝必须吃得好，所以，这一次开水不要让他喝太多。

下午 6：00

★ 在下午 6：00 前给宝宝洗澡，6：30 给他做完抚触、穿好衣服。

下午 6：30

★ 一定要在 6：30 之前喂完奶。这一餐应该用两侧乳房喂奶，或者喝一满瓶冲好的奶粉。

★ 把灯光调暗，开始给宝宝讲故事。

晚上 7：00

★ 晚上 7：00 之前，把宝宝安顿在睡袋里，关灯关门。

宝宝在本阶段作息上的调整

睡 眠

一旦宝宝适应了一日三餐的进食模式，就应该可以从晚上 7：00 睡到早上 7：00。如果妈妈遵循了最近的指导原则，在宝宝 6 个月的时候就可以给他断奶，开始摄入固体食物。但宝宝也许还是需要晚间少量吃奶，一直到接近 7 个月的时候。如果宝宝未满 6 个月时已经断奶，并且适应了固体食物，就可以把夜里最后一餐的奶取消。

如果宝宝在摄入固体食物之后，依然没有缩减最后一餐的奶量，就说明他可能固体食物没有吃够，这种情况你可以在下午 6：30 那一餐让他多吃一些。除此之外，你还可以把 4 天之内的吃奶和其他食物的摄入情况记录下来，看看是什么原因导致宝宝不能缩减最后一餐。如果确定宝宝的吃喝一切正常，食物摄入量也足够，但就是因为习惯了吃夜奶，所以晚上最后一餐奶一定要吃，那我建议你还是应该逐渐缩减最后一餐。如果你发现，当你每间隔三四天把给他的奶量减少几十毫升后，他都没有出现早醒的状况，就应该继续缩减最后一餐，直到宝宝每天晚上只需要喝几十毫升奶为止。一旦宝宝可以做到这一点，就可以把睡前的一餐彻底取消。

宝宝6个月大的时候，就应该把早上的小睡时间提前到9：30。这样，他中午12：30就可以开始睡午觉了。如果你的宝宝已经开始吃固体食物，并且适应一日三餐的规律，那你要做的很重要的一点就是，把宝宝的午餐时间确定在11：45—12：00。

有些宝宝适应一日三餐的固体食物规律后，就会开始睡整夜觉。如果宝宝一觉睡到早上8：00左右，上午一般就不需要睡觉了。但是这样的话，宝宝可能坚持不到中午12：30午觉的时候，因此，你需要在上午11：30给他喂午餐，12：15安排他睡午觉。

宝宝在6~9个月大的时候，会开始翻身，并且喜欢趴着睡觉。像这种情况，建议你把他床上的盖被和毛毯都撤走，以免宝宝被这些东西缠住。到了冬天，应该给宝宝换一个暖和一点的睡袋。

进　餐

如果你在宝宝6个月以后才开始给他吃固体食物，那一定要注意，必须让他先尝试完每一种食物并且没有过敏反应后，才逐步给他加量。你可以在上午11：00喂奶之后，让他吃一些婴儿米粉，然后每隔几天就给他尝试一种新的断奶第一阶段可添加的食物。

如果宝宝午餐和晚上加餐的时候，都可以吃一些固体食物，那你也可以在早餐给他加一点。当宝宝7个月大的时候，就可以不吃中午这顿奶粉了，午餐时给他吃一些添加固体食物和第二阶段可以吃的高蛋白质食物。

通常来说，在第 6 个月结束的时候，宝宝会愿意坐在餐椅上吃饭。如果是这样，妈妈一定要记得用安全带把宝宝固定好，不要把他一个人留在餐椅上。

宝宝在六七个月大的时候，就可以开始用水杯喝水了。每天中午的时候，可以让宝宝先喝几十毫升的奶，再给宝宝倒点白开水或稀释的果汁，盛在水杯里给他喝。如果你已经把宝宝中午的那顿奶取消了，那他可能在下午 2：30 的时候，吃奶会吃得多一些。如果你发现这样的话，宝宝晚上最后一顿的奶量又会大大减少，那午后 2：30 这一餐还是要让他少吃些为好。

宝宝六七个月大的时候，午餐的固体食物应该转移到下午 5：00 那一餐。这时可以让他用水杯少喝一点水。晚上 6：30 吃奶的时候，再让他饱饱地吃一顿。

如果宝宝一直喝奶粉，在 9 个月大的时候，无论是喝水、果汁还是奶水，都应该用水杯。

从宝宝开始发第一颗牙起，就应该给他清洁口腔。以我的经验，对于这个月龄的宝宝，清洁口腔最简便的方法，就是用一块纱布套在手指上，再蘸上一点婴儿牙膏，给宝宝按摩牙龈和牙齿。过一段时间，等宝宝长出更多牙齿的时候，就可以用软毛牙刷给他刷牙。

16

第9～12个月

The New Contented
Little Baby Book

第9～12个月作息规范

进餐时间	早7：00—晚7：00的睡眠时间
上午7：00 中午11：45或12：00 下午2：30 下午5：00 下午6：30	早9：30—10：00 下午12：30—2：30 每日最长睡觉时间：2～2.5小时

上午7：00

★ 早上7：00之前叫醒宝宝，给他换尿不湿、喂奶。

★ 用两侧乳房给宝宝喂奶，或者用杯子冲泡奶粉给宝宝喝，然后吃点用母乳或奶粉混合的麦片，再吃点水果和小零食。

★ 7：00起来之后，两个半小时内不要让他睡觉。

上午8：00

★ 在你吃早餐的时候，让宝宝自己在游戏垫上玩20～30分钟。

★ 给宝宝洗漱、穿衣，记住给他身上有褶皱的部位和干燥的皮肤擦上乳液。

上午9：30

★ 拉上窗帘，帮宝宝穿好睡袋，关灯，关上门。这个时候让他小睡15～30分钟。

上午9：55

★ 把窗帘拉开，打开睡袋，让宝宝自然醒来。

★ 不论宝宝睡了多久，上午10：00都该醒了。

★ 让宝宝在游戏垫上玩一会儿，或者带他出去散散步。

中午11：45 或 12：00

★ 先把这一餐他该吃的大部分固体食物喂给他吃，再用杯子给他盛点水或稀释的果汁让他喝，接着喂他吃完剩下的固体食物或喝水。

★ 当你吃午餐时，让宝宝自己在餐椅里坐一会儿，给他吃一点小零食。

下午12：20

★ 检查宝宝的床单，给他换尿不湿。

★ 12：30之前，把窗帘拉上，给宝宝穿好睡袋，然后关灯关门。

★ 从他躺下的时候开始算起，午睡时间不要超过2小时。

下午2：30

★ 不论宝宝睡了多长时间，2：30之前都必须把他叫醒喂奶。

★ 把窗帘拉开，睡袋打开，让宝宝自然地醒来，给他换尿不湿。

★ 喂宝宝吃点母乳或者奶粉。如果宝宝已经断奶，就用杯子给他喝一点水或者稀释的果汁，再吃一点小零食。

★ 不要在3：15之后喂奶，那样会使晚餐时间推后。

下午4：15

★ 给宝宝换尿不湿。

下午5：00

★ 先把这一餐他该吃的大部分固体食物喂给他，然后用杯子倒些开水，或者泡点奶粉给他喝。但切记，在睡觉之前，宝宝依然要喝很多奶水，所以，这一餐不管是开水还是奶水，都要尽可能地控制在最低水平。

下午6：00

★ 在下午6：00之前必须给宝宝洗澡,6：30前做完抚触、穿好衣服。

下午6：30

★ 在下午6：30之前给他喂奶。

★ 用两侧乳房给宝宝喂奶，或者给宝宝冲200～210毫升的奶粉。在满1周岁的时候，这个量应该减少到150～180毫升，并且用水杯给他喝。

★ 把灯光调暗，给他读一个故事。

晚上7：00

★ 在晚上7：00之前，把宝宝放进睡袋，关灯关门。

宝宝在本阶段作息上的调整

睡　眠

在这个阶段，大多数宝宝白天的觉都开始变少。如果你发现宝宝夜里老是醒，或者早上很早就起来，就要再缩减他白天睡觉的时间。

开始的时候，可以缩减上午的小觉。如果宝宝以往都是睡30分钟，你就可以把这一觉先缩短到10～15分钟。有的宝宝可能会把午觉时间缩短到一个半小时左右，但这样他一下午就会显得很累很烦躁。如果出现这种状况，我建议你把上午的觉取消，看看这样能不能提高宝宝午觉的质量。如果宝宝不到12：30就开始发困，或许可以把他的午餐时间稍微提前一点。

在这个阶段，有的宝宝可能扶着栏杆就能自己站起来，但不能自己躺回去，导致他很不开心。如果是这样的话，我建议你在把他放回婴儿床的时候，试着教教他应该如何自己躺下。在宝宝还没有学会自己站起来再重新躺下之前，妈妈还是应该辅助宝宝躺下去。但是，这个过程中，你不要大惊小怪，也不要和他说太多话。

如果宝宝突然出现夜里自己支撑着站起来的情况，你就要返回去看看他白天是不是睡太多了。如果真的是他白天睡眠时间太长，你就应该缩短或者取消上午的小觉，这样可以很轻易地改善宝宝夜里突然自己支撑着站起来的问题。

进　餐

这个阶段的宝宝应该已经适应了一日三餐，并且有时候还可以自己给自己喂饭。对于这个月龄的宝宝来说，学会正确地咀嚼食物是一件非常重要的事。妈妈应该把宝宝饭菜中的大多数食物切碎，或者切成片和丁。到1周岁的时候，宝宝应该可以吃切碎的肉丁。

每次进餐的时候，尽量让宝宝吃一些手指食物。如果宝宝对勺子有兴趣，不要阻止他，给一把勺子让他握着。不要管他是不是把食物弄得满地都是，只要他是在开心地进食，就比什么都重要。

喝奶粉的宝宝，到9个月大的时候，无论喝水、喝果汁，还是在早上或下午2：30喝奶的时候，都应该使用杯子。在宝宝1周岁的时候，所有的饮品都应该用杯子来喝。

17

添加固体食物

The New Contented
Little Baby Book

给宝宝断奶

除了喂奶和睡眠之外，接下来最重要的育儿议题就是断奶了。**断奶并不是要停止喂奶，而是让婴儿逐渐习惯吃母乳、奶粉以外的米饭或面包等固体食物，也就是要使婴儿逐渐适应一般人的饮食生活，在他长齐牙并能够自由行走以后，可以和家人一起用餐。**婴儿通常在1周岁以后牙齿才能完全长齐，并能自由行走，在这之前只是练习的过程。断奶并不是因为过了半岁的婴儿继续吃母乳或奶粉会有什么危害，而是因为婴儿过半岁后，自己产生了想吃母乳或奶粉以外食物的自然的欲望。不能无视这种欲望而继续只喂母乳或奶粉。

你会发现，很多小宝宝在两三个月大的时候，他的睡眠和饮食都已经形成了规律，这时候身边人会不断开始建议你，让宝宝吃点固体食物。同时期，宝宝也会发现他们的小手可以做很多事情。他们开始不断地吸吮手指，咬来咬去，还不停地流口水。热心的亲戚和身边的朋友们会告诉你，宝宝已经大了，只喝奶不会饱，该喂他吃固体食物了。虽然那些行为确实是宝宝可以断奶的征兆，却不是唯一的征兆。除非你自己觉得宝宝应该可以吃固体食物了，否则，你不必因为身旁人的建议而产生任何压力。

2003年英国卫生部颁发了一份指导意见，这份意见得到了世界卫生组织的推荐。意见建议，宝宝在6个月大之前都应该纯母乳喂养，并建议这一阶段不要给宝宝吃固体食物或者婴儿奶粉。在此之前，卫生部的建议是宝宝在4～6个月大之间就可以断奶，在17周之后可以摄入固体食物。

因为婴儿大概要长到4个月大的时候，身体内部和肾脏才能成熟到足以处理固体食物产生的残渣。如果在宝宝还没分泌消化固体食物所需的消化酶之前，就给他喂食固体食物，会对他的消化系统造成损害。很多专家把过去 20 年来愈来愈多的过敏宝宝，都怪罪于父母们过早让他们吃固体食物，破坏了他们的消化系统。

在编写这本书的过程中，我通过我的网站，与许多营养学家、儿科医生和上百位母亲进行过交流。从对谈中，很明显感觉到，大家的建议都存在有争议的地方。比如，有些专家认为，并不是过早断奶本身会威胁到宝宝健康，而是很多时候宝宝摄入了本不该摄入的食物。他们认为，是否对宝宝的健康造成伤害，取决于食物的种类。

不管大家都各持什么观点，但显然，只给 6 个月大的宝宝吃母乳是不够的。以我的经验，过去二十多年，对于我护理过的宝宝，有一个黄金法则就是：**在宝宝未满 17 周，或者他的神经、肌肉协调能力还没发育完全之前，不要让他摄入固体食物**。因为只有神经、肌肉的协调能力发育到一定程度时，宝宝才可以控制头部和颈部，坐在餐椅里吃饭；也只有这样，你才能保证喂食时的安全，宝宝没有吞咽上的障碍，能够顺利地让食物由嘴中进入食道。

如果你遵循了本书所建议的断奶计划，并且按照推荐的次序，一项一项地给宝宝添加的固体食物，就大可以放心，宝宝一般不会出现过敏症状。在 6 个月大的时候，宝宝需要摄入富含铁元素的食物，因为这个时候宝宝出生时体内储存的铁质已经消耗光了。铁元素对于血液的健康至关重要，红细胞可以把氧气运送到全身各部位。铁元素摄入不足的宝宝容易患上缺铁性贫血，这种疾病会导致疲劳、易怒、精力不足等。在全英国的宝宝中，大概四分之一的宝宝都有缺铁性贫血的症状。所以，母乳喂养的宝宝在 6 个月断奶的时候，必须摄入一些富含铁质的食物，比如早餐麦片、西蓝花、扁豆等。你应该尽快让他尝试各种富含铁元素的蔬菜和肉类。奶粉喂养的宝宝可以从奶粉中摄取铁元素。

宝宝断奶的时间因人而异。你可以密切地观察他是否表现出可以断奶的迹象，这种迹象的出现可能比卫生部建议的时间要早一些。如果宝宝未满 6 个月，但是已经表现出了如下的迹象，你就可以和相关护理人员或者医生探讨一下，是否可以早一点给他断奶。

★ 宝宝过去每天都能把两侧乳房吃空 4 ～ 5 次，或者每次都可以喝下 240 毫升的奶粉，并且吃完奶后可以愉快地坚持 4 个小时；但现在他变得烦躁易怒，而且还没等到下次喂奶，就开始一直啃手。

★ 宝宝每餐都可以吃空两侧乳房，或喝下 240 毫升的奶粉，并且刚刚吃完一餐就哭喊着要再吃。

★ 以前无论白天还是夜晚，宝宝的睡眠质量都很好，但是现在却越来越早地醒来。

★ 宝宝总是啃手，表现出手眼协调能力，开始尝试着把一些东西放进嘴里。

如果宝宝已经 4 个月大了，体重达到了出生时的 2 倍，并且经常表现出上述大部分迹象，你就可以给他断奶。如果他还不足 6 个月，你可以向相关护理人员咨询一下，确定下一步应该怎么办。如果你打算 6 个月以后断奶，然后让他摄入固体食物，当他越来越饿的时候，可以多给他喂几次奶，以缓解饥饿。有一些宝宝，从前只需要在晚上 10 : 30 吃一点奶就可以睡个整觉，现在却可能需要吃更多的奶。如果宝宝不到 6 个月，却正好处在一个猛长期，你还是需要半夜起来再给他喂一次奶。要知道，随着宝宝一天天长大，他的胃口也在逐渐增大。

母乳喂养的宝宝

我们很难从一个纯母乳喂养的宝宝身上，观察出他每天到底喝了多少奶。但如果你家宝宝在满 4 个月大时，已经表现出上述迹象，那就应该可以喂他吃固体食物了。

　　如果他不满 4 个月大，而且每周体重增长也不理想，那很可能表示，你的奶水到了晚上时分泌不足。这时候，我建议你在晚上最后一次喂奶之后，再给他吃几十毫升事先挤好的母乳或是奶粉。如果情况依然没有改善，或者宝宝夜里醒来不止一次的话，那我建议你完全用奶粉来替代最后一次喂奶。这样的话，你就可以请你的老公来喂宝宝，你自己早点上床休息。但是别忘了，上床前，你还需要在 9：30—10：00 的时候，把母乳挤出来，无论挤出多少，都可以避免奶量继续下降。很多妈妈会发现，她们在这个时段挤出来的母乳通常只有 90 ～ 120 毫升，这和宝宝必须在这一餐喝的奶量相去甚远。那也没有关系，你没有必要一定在这个时候给宝宝喂挤出的母乳，在白天其他时段给他喂也可以。

　　以上安排通常都能解决宝宝的饥饿，使他的体重增加，在宝宝满 4 个月大的时候，你大概也可以准备让他进食固体食物了。

需要避免的食物

　　宝宝一两岁时，有些食物最好少吃或者不吃，因为它们可能会对宝宝的健康造成伤害。糖和盐被公认为是两大对健康有威胁的食物。

糖

　　在给宝宝断奶的第一年，最好不要让他吃糖。因为这时吃糖，会让他养成吃甜食的习惯，而且吃太多含糖或含盐的食物，也会严重影响宝宝对主食的胃口。但另一方面我也知道，现在市面上的婴儿食品，很难避免这些成分。《英国消费者协会杂志》的调查显示，在 420 种受检婴儿食品中，有 40% 含糖或果汁，这些糖分可能是葡萄糖、果糖、蔗糖，同时你也要格外留意糖浆和浓缩果汁，它们也会被用来做甜味剂。

饮食中含有太多的糖分，不仅会让宝宝失去对主食的食欲，也会引起诸如龋齿和肥胖等严重问题。糖能很快地转化为能量，如果婴幼儿过度摄取糖分就会变得多动。烤扁豆、意大利面、玉米片、炸鱼条、果冻、番茄沙司、灌装汤料和某些酸奶等都是含糖食品，所以，当宝宝开始学走路的时候，不要让他吃太多这些东西。你也可以时常检查一下果汁和南瓜罐头的成分表，这很重要。

盐

除非是从蔬菜等纯天然的食物中获取的自带盐分，否则 2 岁以下婴幼儿的食物里都不应该特意加盐。后者是件很危险的事情，因为它很可能给宝宝未发育成熟的肾脏增加负担。研究表明，**如果宝宝摄入过多盐分，可能在日后引起心脏病。**当宝宝可以和家人一起吃饭的时候，注意，烧菜时先不要加盐，把宝宝的那份盛出来，再给剩下的部分加盐。

和糖一样，很多食品都含有很高的盐分，因此，在给宝宝吃这些食品之前，要仔细查看成分表。

宝宝食物的准备与制作

给宝宝准备食物的时候，一定要适量，并且重点选择对身体有益的食物。你可以事先做好，然后根据宝宝的食量，分成若干等份冷藏在冰箱里，在宝宝用餐的时候拿出一份给他吃。

喂奶的器具、冰袋、冰包、制冷盒都要定期消毒。同时，还要注意以下几点：

★ 准备食物时，餐具要用消毒剂清洗，并且用餐巾纸擦拭干净，厨房里的抹布和毛巾通常是滋生细菌的温床，应忌用。

★ 新鲜的水果和蔬菜应该仔细削皮、去核、去籽，并削掉表面上的瑕疵。所有蔬果都应该用纯净水仔细清洗。

★ 如果你提前给宝宝断奶，要记住，在他满 6 个月大之前，所有水果、蔬菜都要用纯净水煮熟。里面不要加盐、糖或蜂蜜。

★ 最开始添加固体食物时，所有食物都要煮软，捣烂，里面还可以加一些菜水，调和成类似酸奶的黏稠程度。

★ 如果用料理机搅拌食物，你要把搅拌后的泥状食物倒进一个碗里，用汤匙搅拌一下，检查看看里面是否还有块状物，确认没有后，再将其倒进辅食格或辅食盒里，放进冰箱储存。

给餐具消毒

在宝宝未满 6 个月之前，所有的餐具都要认真消毒，奶瓶和奶嘴用一次就必须消毒一次。制冰盒和冷藏容器可以放进大的汤锅里用沸水煮 5 分钟。如果你家有蒸汽消毒器，可以按照说明书建议的时间，给餐勺和饭碗等餐具消毒。

打包冷藏需要注意的事项

★ 煮过的泥状食物，一旦冷却下来就要立即放进冰箱冷冻。

★ 不要把还温热的食物放进冰箱或者冰柜里冷冻。

★ 用冰箱温度计检测一下冰箱的温度，冷冻温度应该在 −18℃以下。如果没有冰箱温度计，可以到五金店或购物中心的炊具专区购买。

★ 如果你是用制冰盒来盛装泥状食物，就可以把它敞开来放在那儿，直到它冻成冰块，再从冰箱里取出，放进消过毒的辅食盒里，密封冷冻。未消过毒的包装（比如辅食袋）可以在宝宝 6 个月大之后使用。

★ 在包装上贴上标签并注明日期。

★ 6 个月内必须吃完这些食品。

★ 不要把反复加热过的食物放进冰柜冷冻。

解冻提示

★ 如果你忘了把要冷冻的食物放回冰箱，或者你把食物放在室温中超过了一夜，那一定要赶在它解冻之前，把它放进冰箱冷藏，然后盖上一层保鲜膜，再用一个盘子接住滴下来的水。

★ 不要把食物放在温水或者热水里，这样会加速食物解冻。

★ 解冻的食物要在 24 小时内吃完。

加热提示

★ 为了防止细菌，在给食物加热的时候，一定要保证所有食物都充分受热。如果你事先是用罐子装的食物，那么加热之前应该先把它们倒在盘子里，切忌直接用罐子加热。吃剩的食物要扔掉，不要二次加热。

★ 如果你一次性准备了很多食物，就可以根据宝宝的食量，按等量分出若干份，把多余的部分先冷藏起来。不要一次性加热所有食物，也不要把宝宝没吃完的部分继续放回冰箱冷冻。

★ 如果宝宝没吃多少，食物就凉了，也不要尝试重新加热后再喂给他。因为宝宝对于毒性物质的感知比大人敏锐，所以你要养成习惯——只要是剩饭就立即扔掉。

★ 所有食物只能加热一次。

提前断奶

在这个阶段有件事情必须牢记，那就是，本阶段宝宝最主要的营养来源仍然是奶水，因为奶水能够给宝宝提供充足的维生素和矿物质。在宝宝未满6个月大时，固体食物只能是作为偶尔的尝试，或者是作为奶水的辅助。妈妈应该缓慢地增加宝宝的固体食物摄入量，直到他逐渐适应每日三餐。每次喂餐时，你要先给宝宝喝奶，再让他吃固体食物，这样才不会导致宝宝在6个月大时，奶量突然骤减。

萨里大学的研究表明，宝宝如果吃了太多水果，也可能会引起腹泻，导致生长缓慢。学者建议，由于宝宝肠道未发育完善，还不能吸收太多水果，因此，断奶期间最好的食物是婴儿米粉。

除此之外，有一点需要注意，当宝宝开始长牙，并且添加固体食物以后，每天饭后最好给他清洁两次牙齿。

如何给宝宝添加固体食物

★ 每天上午11：00喂完奶后给宝宝喂固体食物。事先准备好餐椅、围兜、餐勺、碗和一块干净的湿抹布。

★ 取一勺有机婴儿米粉，用事先挤出来的母乳或者温开水调和到适当浓度。

★ 在喂米粉之前，要确保它已经冷却到了一定温度。不要用金属汤匙给宝宝喂食，那样的材质可能太过锋利，或者过烫，要选用塑料材质的餐勺。

★ 在宝宝还没适应用餐勺进食之前，你可以先把餐勺伸进他的嘴里，让宝宝能够用上腭把食物刮下来，再吃进去。

★ 一旦宝宝已经适应了上午 11 : 00 吃奶之后吃一些米粉，你就可以把米粉的进餐时间换到下午 6 : 00 喂奶之后。如果他吃完一勺之后还想吃，你就要给他增加点食量。但前提是，他在下午 6 : 00 那餐已经吃了足够的奶。

★ 如果宝宝在下午 6 : 00 吃完奶后，还能愉快地吃下一两勺米粉，就可以尝试在上午 11 : 00 喂奶之后给他吃一些梨泥。通常来说，6 个月以内的宝宝在断奶后 4 ~ 6 天就可以添加果泥，而对于 6 个月以上的宝宝，可能断奶后 2 ~ 4 天就可以添加了。

★ 要根据宝宝的实际需要，逐渐给他增加固体食物的摄入量。当宝宝把脸转开并且开始变得挑剔的时候，说明他已经吃饱了。

★ 如果宝宝可以接受梨泥，就在晚上 6 : 00 吃完奶后喂他一些。你也可以把梨泥拌在米粉里给他吃，那样更可口，也能避免宝宝便秘。

★ 在现阶段，上午 11 : 00 喂完奶之后，你可以少量地让宝宝摄入各种有机蔬果。为了不让他对甜食产生依赖，可以多给他一些蔬菜，少给一些水果。这阶段也不要给他吃口味过重的食物，比如菠菜和西蓝花；可以多吃点根茎类蔬菜，比如胡萝卜、甘薯，这些蔬菜都含有天然糖分，吃起来微甜，口感也很温和，宝宝应该会很喜欢。

★ 对于 6 个月以下的宝宝，你可以每隔三四天，给他尝试一种新的食物，然后每隔一周给他增加一两勺固体食物。对于 6 个月以上的宝宝，可以再增加点量。只要你遵循了第一阶段的断奶食谱，就可以缩短尝试新食物的时间间隔。另外，妈妈如果能把宝宝一天吃固体食物的情况记录下来，那样更好，因为这样可以帮助你清楚地了解宝宝对每种新食物的反应。

★ 当宝宝在尝试一种新的食物时，如果他吐出来，妈妈不要表现出不开心，而是要尽量积极地保持微笑，你的宝宝可能只是不喜欢吃这种食物。要记住一点，所有的食物在一开始对他来说都是一种全新的食物，而他对不同的食物可能有不同的反应。

★ 先给宝宝喂奶，再给他吃固体食物。因为从营养学来讲，这个阶段奶水依然是宝宝最重要的食物。然而，每个宝宝的胃口是不一样的，从我的经验来看，大多数宝宝不论是吃母乳还是吃奶粉，每天都可以饱餐四五次。只要他健康活泼，并且习惯固体食物，这个月龄每日所需的最低奶水量是 600 毫升。

断奶第一阶段：第6～7个月

不管你打算什么时候给宝宝断奶，都要按照本书列出的第一阶段固体食物可添加的食物表，逐个给宝宝尝试。在制作辅食的过程中，所有蔬果都必须用纯净水蒸煮至发软，捣成泥状，再加一点菜水，搅拌至一定浓稠度。

对于这个阶段的宝宝，不要给他吃乳制品、大麦制品、鸡蛋、坚果和柑橘类的食物，因为这些都是易致敏食物。在宝宝未满 1 周岁之前，不要在食物里添加蜂蜜。在他可以消化一定量的固体食物之前，不要给他吃鸡肉和鱼肉。

有些营养专家认为，蛋白质食物会给宝宝的肾脏和消化道造成压力。对于这一点，我深表赞同。我经常遇到这类情况，妈妈们因为过早给宝宝喂食了猪肉、禽肉、鱼肉而导致一系列问题，所以切记，只有确保宝宝在尝试了第一阶段可以添加的所有食物后，才可以给他吃蛋白质食物。同时，可以多给宝宝吃一些小扁豆、西蓝花和富含铁质的早餐麦片，以满足他身体对铁元素的需求。

当宝宝在 6 个月大并且开始断奶的时候，你就要尽快让他尝试完第一阶段所有的断奶食物，这样才可以有规律地让他摄入含铁量高的蔬菜和肉类。每隔几天，可以在晚餐增加一勺婴儿米粉，并且在午餐的主食当中增加一种固体食物。一旦宝宝开始摄入固体食物，你就要把每天的喂奶次数减少到 4 次。

在六七个月大时，根据宝宝的具体断奶时间，每天应该吃 2 ~ 3 次麦片、土豆等碳水化合物。同时，宝宝每天也应该吃 3 次果蔬，以及 1 次植物或动物蛋白。

断奶食物

最理想的第一阶段固体食物包括：婴儿米粉、鸭梨、苹果、胡萝卜、红薯、土豆、青豆、紫甘蓝等。如果这些食物宝宝都可以愉快地接受了，就可以给他们尝试一些芒果、桃、西蓝花、大麦、豌豆及花椰菜等。

如果宝宝在六七个月大时，已经摄入了一定量的固体食物，那么也可以逐渐给他吃一些猪肉、禽肉、鱼肉以及小扁豆等蛋白质食物。但在给他吃之前，一定要确保这些食物里面没有骨头，并且把肥肉和肉皮的部分去掉。有些宝宝会觉得单纯的蛋白质食物味道太重。如果这样，在他习惯这些口味之前，你可以往这些食物里面加一些他已经熟悉的根茎类蔬菜，做鱼肉的时候也可以往里面加一些奶酱。当然，不管你给宝宝尝试什么肉类，都应该把他们打成泥状，喂给宝宝吃。

蛋白质食物最好安排在午餐时给宝宝吃，因为比起碳水化合物，蛋白质食物更难消化。安排在午餐时吃，这样在晚上睡觉之前，宝宝基本都可以消化掉。

断奶期的早餐

如果宝宝早在上午 11：00 之前就已经饿了，那你可以考虑在早餐也给他加一点固体食物。但最好在宝宝六七个月大的时候再添加。一旦他开始在早餐吃固体食物，你就可以逐渐把上午 11∶00 那次的喂奶时间，一直推后到上午 11∶30—12∶00。

根据我的经验，大多数宝宝最爱的组合就是，有机米粉或麦片中加入少量果泥。如果宝宝在 7 个月大时，早餐就能吃完饱饱的一顿麦片、水果，你就可以开始减少他用奶瓶吃奶的量，尽量把奶泡在麦片里给他吃。在让宝宝吃固体食物之前，尽可能先让他喝完 150 ～ 180 毫升的奶。

如果宝宝依然在吃母乳，就可以先逐渐缩减他吃一侧乳房的奶的时间，再让他吃一些固体食物，然后喂他吃另一侧的奶。有一点值得注意：不要过快增加固体食物的摄入量，也不要过快减少奶量。

如果宝宝已经 7 个月大，却不怎么愿意吃早餐，你可以少喂他一点奶，趁机给他多喂一些固体食物。

不论你是在宝宝 6 个月以前，还是 6 个月以后给他添加固体食物，都应该遵照类似下面的食谱来给宝宝制作固体食物，确保宝宝能够适应一定量的固体食物的同时，为日后摄入蛋白质食物打下基础。

上午7：00或7：30	母乳或配方奶180～240毫升 2～3汤匙掺有母乳或者奶粉的麦片，外加1～2汤匙果泥
上午11：15或11：30	母乳或配方奶60～90毫升 2～3汤匙红薯泥，1～2汤匙茎类蔬菜泥，1～2汤匙掺有鸡汤的绿色蔬菜泥
下午2：00或2：30	母乳或配方奶150～210毫升
下午6：00	母乳或配方奶180～240毫升 5～6汤匙掺有母乳、奶粉或温开水的米粉，外加2汤匙果泥

午餐固体食物的摄入

如果宝宝早在 6 个月大之前就已经断奶，并且可以吃下 6 勺混合蔬菜泥，那么当他满 6 个月大时，就可以吃蛋白质食物了。但是，如果他 6 个月大之后才开始断奶，那么你还是需要给他 2 ~ 3 周的时间，慢慢适应固体食物，直到达到上述摄入量。

在这个阶段，要慢慢地，每隔 3 天，让宝宝尝试一种新的蛋白质食物。如果每一种新的食物宝宝吃后都没有太大反应，就可以每天用一格或两格这种食物来代替蔬菜泥，直到 6 格食物都是蛋白质为止。

学饮杯的使用

一旦宝宝接受了蛋白质食物，午餐那一顿的奶就可以用温水或是稀释的果汁代替了。为了锻炼他喝水杯，从这个阶段开始，你应该把所有的饮品都倒在水杯里给他喝。事实上，这个月龄段的大部分宝宝都已经具备吮吸和吞咽的能力，为了更好地推动这两项能力，你一定要坚持用水杯给宝宝喂水或是奶。不用担心他这一餐是不是喝得太少了，即使这样，他也会在下一餐找补回来，或者你可以晚些时候再给他多喂一些水喝。

如果你发现，断奶之后宝宝中午睡得不太好，就可以在午睡之前，少量地给他喂点奶加个餐。但无论如何你要记得，一定要把奶倒在水杯里给他喝。

晚　餐

如果你的宝宝已经完全接受了中午进食固体食物的模式，那么，原定于晚上 6 : 00 之后的麦片和水果就可以改换成正常的晚餐了。但是这一餐他吃什么、吃多少，你不用过多担心，因为他在早餐和午餐已经获取了均衡的营养。你可以在下午 5：00 的时候，把宝宝放在餐椅里，让他吃一点儿小点心。当然，也有些宝宝在这个时候可能会表现得烦躁易怒，这样的情况下，你可以给他准备一些简单的食物，比如，之前做好的蔬菜浓汤、蔬菜烤饼之类的。如果他还是很饿，你可以给他吃一个布丁或者一块乳酪。

每日饮食需求

大多数宝宝到了 6 个月大时，都可以吃两餐固体食物，并且很多已经准备开始添加第三餐了。而宝宝每天的饮食中，应该包括 3 份碳水化合物，例如谷物、面包、面条等；至少 3 份蔬菜和水果，1 份猪肉泥或者鱼肉泥，或者 2 份豆类。

由于宝宝从母体自带的铁元素到第 6 个月时就已经被全部消耗掉了，所以，从那时起到 1 周岁，妈妈都应该格外注意，要给宝宝摄入足够量的铁元素，以满足他身体对铁的需求。与此同时，你还应该多给宝宝吃一些富含维生素 C 的水果或蔬菜，这些食物可以帮助宝宝更好地吸收消化麦片和肉类中所含有的铁元素。

这个阶段，有一件事非常重要，就是妈妈要认真考量宝宝每天的固体食物摄入量，因为只有这样，宝宝才能吃到足量和适量的奶。事实上，随着每天固体食物吃得越来越多，宝宝上午 11：00 吃的那一餐也会随之减少，但即便如此，这个月龄段的宝宝每天的奶量都不能低于500 ~ 600 毫升。如果是从第 6 个月开始断奶的宝宝，一天的吃奶次数也不能少于 4 ~ 6 次。除非他已经可以欣然接受所有固体食物，否则不要迅速缩减他的喝奶量。

当然，有些宝宝到了 6 个月大还是每天要喝很多奶，并且对固体食物比较抗拒。如果正好你的宝宝就属于这种情况，你可以在上午 11：00

少给他喂一些奶，同时多鼓励他吃固体食物，慢慢帮他养成一日两餐的固体食物规律。

当宝宝到了 7 个月大时，无论他是什么时候开始断奶的，都应该可以吃两餐固体食物，并且开始准备吃第三餐了。这一阶段的固体食物应该尽可能丰富，给宝宝多一些营养搭配。

还有的宝宝，即使一天吃三顿蛋白质食物，依然感觉很饿。如果是这样，我建议你在上午 10：00 左右和下午给他吃一些水果或其他饮品。

宝宝快满 6 个月时，每日的食谱如下：

上午7：00—7：30	早餐 母乳或180～240毫升配方奶 用奶泡的燕麦粥、水果，或抹了果酱的面包片
上午11：30	午餐 鸡肉泥，或小扁豆蔬菜饼，或搭配蔬菜及奶油的蒸鱼
下午2：30	下午点心 母乳或者150～210毫升配方奶
下午5：00	晚餐 奶油蔬菜烤土豆、意大利面 牛奶布丁或奶酪 少量饮水，盛在水杯中
下午6：30	母乳或180～240毫升配方奶

如果宝宝一天能正常吃三餐固体食物，并且喝三顿饱饱的奶，那他夜里基本就可以睡 12 个小时，不醒不闹。如果宝宝吃了固体食物以后，最后一餐的奶量仍然没有减少，那很可能表示，他没有摄入足够他这个月龄应该摄入的固体食物量，或者晚上 6：30 那一餐他吃得太少。你可以把 4 天之内宝宝的饮食情况记录下来，然后分析为什么他最后一餐的

奶量没有减少。

当宝宝快满 6 个月大时，他可能会想要坐在餐椅里吃饭。这个时候，父母一定要看好他，不要把他独自留在餐椅里。

断奶第二阶段：第7~9个月

在断奶第二阶段，随着宝宝每天固体食物的摄入量增加，他的奶量会越来越小。但即便这样，你也要保证他每天喝够 500 ~ 600 毫升的奶，不论是母乳、奶粉，还是其他乳制品，加起来都应该达到这个总量。

在这个阶段，你的宝宝应该已经适应了一天吃三餐固体食物。等他到了 9 个月大的时候，会逐渐接受一些口味稍重的食物，也能从食物的不同质地、颜色和观感中找到乐趣，同时还可以从固体食物中摄取大部分营养。妈妈这时也要尽可能丰富食物的种类（碳水化合物、蛋白质、水果、蔬菜），以满足宝宝多样化的营养需求。

在制作辅食的时候，你应该把所有食物磨碎或者搅拌成泥，不同食物不要混在一起。这个阶段给宝宝吃的水果不再需要过水煮，可以直接把它切碎或捣烂。生鲜水果、微煮过的蔬菜和面包等，都可以作为小零食给宝宝吃。

从这时开始，宝宝会有意识地往自己嘴里送食物。但他多半只是摆弄这些食物，而不是真正去吃。父母此刻最好不要干涉他，放手让他自己去摸索，这样有助于他日后养成良好的进餐习惯。但也不要让他处于无人看管的状态，妈妈在旁边陪着他就好。如果在吃饭之前，宝宝的手里拿过小零食，一定要记着给他洗手。

在断奶第二阶段，宝宝的食物开始趋于多样化，同时也不是所有宝宝入口的食物，都需要捣烂或者搅拌得很碎。你可以把食物捣碎到宝宝能接受的程度再喂给他吃。但这个阶段，你仍需要把蔬菜切成丁或者片。

当宝宝到八九个月大的时候，会开始想要自己用勺子吃饭。妈妈这时一定要鼓励他的这种行为。在喂饭的时候，你可以准备两把勺子，一把交给他，让他自己去尝试，另一把你拿着继续给他喂饭。当他试着自己吃的时候，你可以在旁边协助，轻轻握住他的手腕，帮他把勺子送到嘴边。

在给这个阶段的宝宝准备食物时，每餐都应该有一些小零食，方便他们自己抓握自己吃。

这阶段需要给宝宝添加的食物

一些乳制品、面条和麦片，这时期可以让宝宝试着吃一点。并且，给宝宝制作食物时，你也可以用一些全脂牛奶，但全脂牛奶不能直接给宝宝饮用，只有到1周岁以后，宝宝才能喝。此外，在准备食物时，你可以添加少量不含盐的黄油，橄榄油也可以加。他现在已经可以吃蛋黄了，但鸡蛋必须要煮熟。乳酪的话，最好买市面上的有机奶酪，必须是灭菌的全脂乳酪，并且要切碎。

宝宝这时候也可以吃一些鱼肉，但这些鱼肉一定要用植物油烹制，不要给宝宝吃鱼肉罐头，那些成品罐头含盐量都很高。吃鱼肉之前，一定要先去骨，把肥肉和皮都去掉。你也可以尽可能多地给宝宝喂一些不同种类的蔬菜，比如彩椒、豆芽、南瓜、卷心菜和菠菜等。如果宝宝没有过敏史，西红柿和稀释的低糖果汁也可以让他尝试。总之，所有食物你都应该逐步给宝宝加入，而且过程中一定要密切观察他对于每一种食物的反应。

这个阶段，给宝宝吃的蔬菜已经不需要特意弄成泥状，只要过水煮到发软，切成丁或片，捣烂就好。如果宝宝能接受微煮的蔬菜丁和发软的生鲜水果片，就可以尝试着给他吃些面包或低糖饼干。如果宝宝在9个月大之前，已经长了几颗牙，就应该能吃下一些剁碎的生蔬菜。现在宝宝可以吃果脯，但是在吃之前，果脯要洗净并且用清水浸泡一夜。

早　餐

现在可以给宝宝吃一些低糖的五谷杂粮，但是要选择富含铁和维生素 B 的谷类。如果家族有过敏史，这些食物就要慢慢引入，或者咨询一下医生或营养师。如果宝宝不喜欢吃的话，可以尝试着往里面加一点果泥或直接挤成汁的水果。燕麦和小麦成分的食物要轮流提供，即便宝宝有所偏好，也不要只吃某一种。这时期的宝宝可以试着让他用手拿食物，给他一小片奶油吐司面包当零食，让他用手拿着吃。大部分宝宝在这么大的时候，一早起床还是最想喝奶，所以，在吃早餐之前先让他喝完三分之二的奶量。

午　餐

如果宝宝早餐吃得不错，午餐就可以推后到上午 11：45—12：00。如果他早餐吃得很少，午餐就应稍微提前。还有一种情况宝宝的午餐需要提早，就是当他上午睡得很少的时候。这一点很重要，因为如果宝宝很累很困，他一定吃不好饭。这时你可以根据他的实际情况，看看什么时候给他吃午餐。

在断奶阶段，午餐时，你应该给宝宝补充一些蛋白质。尽量购买不含添加剂和激素的有机肉类。在宝宝一岁半之前，不要给他吃腌肉和火腿之类的食物，因为这些食物含盐量很高。虽然这个年龄段的宝宝可以适当吃一些调料，但是依然不能添加过量的盐或糖。

在给宝宝添加蔬菜的时候，妈妈应该参考一下专家的意见，保证氨基酸摄入的平衡。单纯吃蔬菜不能提供足够的氨基酸，只有和其他食物适当搭配，才能给宝宝提供足够的蛋白质。

如果宝宝已经适应蛋白质食物，午餐时，你就可以将温开水或稀释果汁代替奶，盛放在水杯里让他喝。

如果用过主食之后，宝宝还是觉得饿，可以给他吃一点奶酪、面包条、切好的水果，或给他喝一点酸奶。

晚　餐

这个时段，可以给宝宝吃一块小的三明治，或者土豆泥、意大利面，再搭配一些蔬菜。用餐的同时，大人需要在旁协助。

晚餐之前，有些宝宝可能很累，并且焦躁不安，有些宝宝可能吃得很少，可以试试给他吃一些米粉布丁、麦片、胡萝卜泥或者香蕉饼等。吃完晚餐之后，再用水杯给他喝点水。但是不要让他喝太多，否则会推迟下一次吃奶的时间。在这个阶段，睡觉之前的那次喂奶也很重要。如果这次喂奶，宝宝奶量明显下降，你就要检查一下，他白天是不是吃了太多的固体食物或饮水过量。

每日饮食所需

在断奶的第二阶段，让宝宝适应一日三餐的正常饭菜很重要。所谓正常饭菜应包括 3 份碳水化合物，例如麦片、面包和稀饭，再加上至少 3 份蔬菜和水果，1 份猪肉泥、鱼肉或豆类。当宝宝到 6 个月大时，他出生时体内所储存的铁质也用完了，而婴儿在 6 个月至 1 岁之间，身体发育需要大量的铁质，因此，妈妈在给宝宝添加食物时，一定要适量添加含铁量高的食物。

为了增强宝宝对麦片和肉类中所含铁质的吸收力，在吃这些食物时须添加蔬菜和水果，在吃蛋白质食物时也记得不要喝牛奶，因为牛奶和蛋白质食物一起食用，会导致其中一半的铁质流失。

这个阶段,宝宝每天依然需要摄入500～600毫升的母乳或奶粉。当然，这个摄入量也包括其他乳制品。如果宝宝对吃奶有抗拒，你可以尝试着缩减晚餐的固体食物摄入量。当他快9个月大时，所有的早餐奶，包括除睡前的喂奶以外的一切饮品，都应该盛在水杯里让他喝完。

如果你的宝宝每天吃了三顿饱饱的奶，外加三顿固体食物后，依然觉得很饿的话，那你可能还需要在上午让他少量地吃一些饮品和水果。

8～9个月的宝宝，一天的食谱应该如下:

上午7：00—7：30	早餐 母乳或210～240毫升奶粉，用水杯喝 混合果泥搭配乳酪，或小麦／燕麦搭配牛奶 果泥
上午11：45— 中午12：00	午餐 鸡肉、西蓝花和奶油吐司面，或鱼肉饼加卷心 菜和洋葱、土豆 水果和乳酪 用水杯给宝宝喝一些温开水或稀释果汁
下午2：30	下午点心 母乳或150～180毫升奶粉
下午5：00	晚间茶点 烤土豆加切碎的乳酪和苹果，或搭配蔬菜宽面 温开水或稀释果汁，用水杯喝
下午6：30	母乳或180～240毫升奶粉

断奶第三阶段：第9～12个月

宝宝到了 9 ～ 12 个月大时，已经可以吃各类食品了，但高脂、高盐和糖含量高的食品应该避免。花生和蜂蜜也不要吃。宝宝在这时期很重要的课题是练习咀嚼。食物必须切成丝，或蒸或剁。肉类还是要用料理机搅拌一下或切碎。宝宝快 1 岁时，可以吃剁碎的肉。

每一餐让他吃点零食，如果他想自己拿餐勺也不要阻止他。当他一遍遍地把勺子放到嘴里的时候，你可以让他试着把勺子里的食物塞进嘴里，同时你用另一把勺子迅速接住掉下来的食物。1 周岁之后，只要有一定的帮助和指导，大部分宝宝都能自己吃一些饭。让宝宝喜欢他自己的食物很重要，即使他把食物掉到地板上，你也不要太在意。当宝宝自己进食时，你一定要在一旁陪伴。

早　餐

这一餐的目标是让宝宝吃 200 毫升奶水，可以在餐前喝一半，餐后再喝一半。作为调节，每周可以给他吃一两次蒸蛋换换口味。

给宝宝吃早餐前，仍然要先给他喂 150 ～ 180 毫升的奶，再喂一些麦片，然后让他喝完剩余的奶水。9 ～ 12 个月大的宝宝一天至少需要喝 500 毫升的奶（包括做饭或麦片里加入的乳品），这些奶水分 2 ～ 3 次喂给他。当然，这 500 毫升的奶量也包括酸奶和奶酪。一般情况下，一盒 125 克的酸奶或者是 30 克的奶酪，大约相当于 210 毫升的奶。

午　餐

宝宝的午餐应该尽可能丰富，可以给他吃一些稍微蒸过并切碎的蔬菜，保证碳水化合物的摄入。除此之外，还可以给他吃一些土豆、意大利面或奶汁盖饭。宝宝在这么大的时候，通常都很活泼好动，所以到了下午 5∶00，他会有点累和烦躁。正因如此，你才要好好保证宝宝午餐的营养均衡。如果他午餐吃得好，下午到晚上就会比较随兴。在宝宝满 1 岁时，午餐就可以和大人一同用餐，所以，每道菜可以腾出一部分，做成专为宝宝准备的无盐、无糖、不辣的饮食。

尽量让食物看起来很可口，同时搭配颜色光鲜的蔬菜水果。不要一次往他的盘子里盛太多饭菜；可以先少盛一点，等他吃完了，再给他加。这样做他比较不会把太多食物掉在桌上。如果宝宝开始把食物当玩具，拒绝进食，或者把食物故意丢到桌下，那你要心平气和地告诉他"不可以"，然后把碗拿走。在接下来的半小时或一小时，不要因为怕他没吃饱而给他饼干零食，因为他会觉得只要他在吃东西的时候，把食物拿来当玩具，那接下来他就会有点心可以吃。可以在三四点时让他吃一点水果，然后看他能不能挨到 5∶00 时再吃晚餐，这样他晚餐的进食状况会很好。

用水杯给宝宝喝一些稀释的低糖橘子汁，有助于铁元素的吸收。当然，你得等他吃完大部分午餐，再给他喝，否则他一喝就饱，午餐就会吃得不够。

下午 2∶30

9 ~ 12 个月时，那些用奶瓶喝奶的宝宝，应该将水杯作为主要容器，这会自然而然地减少他们的奶水摄入量。如果宝宝最后一餐的奶量开始缩减，你就可以尝试减少下午 2 : 30 给他喂的奶，或者彻底取消那次喂奶。很多宝宝到了 1 周岁，就已经不用再吃这一顿了。只要他每天能吃够至少 350 毫升奶水就可以，这里面还包括添加在麦片和其他食物中的乳品。如果他一天能摄入 540 毫升的奶水，外加均衡的固体食物，你就可以彻底取消下午 2 : 30 这一餐。

在取消下午 2 : 30 这一餐后，你可以用一块小点心（例如一块米饼、低糖饼干或一片水果）外加一杯温开水或稀释果汁代替。当然，水和果汁要用水杯给他喝。

晚餐时间

很多宝宝在满 9 个月到 1 周岁大时，就不需要在下午两点半喝奶了。如果你担心宝宝每日的奶水总摄取量不够，那你可以在给他吃的米糊或麦糊中加上奶水，也可以试着喂他一些其他食物，比如意大利面搭配蔬菜和奶酱、烤土豆搭配碎奶酪、乳酪蔬菜饼或小乳蛋饼。在晚餐时间，我常给宝宝吃一点牛奶布丁或乳酪。如果奶水摄入不足，你可以用它们替换。尽量给宝宝准备一些小零食，如果宝宝不吃奶类，这些零食也可以换一下。要有规律地准备一些零食。

宝宝满周岁后，奶瓶就要尽量少地使用。在这个阶段，要逐渐让他适应睡前少喝奶。你可以在晚餐时间，给他喝少量奶，晚上睡前再让他用水杯喝 150 ~ 180 毫升奶。

晚上 6 : 00—7 : 00

宝宝在 10 ~ 12 个月大时，所有奶水都应该用水杯来喝。1 岁以后还用奶瓶喝奶的宝宝更容易出现喂食问题，因为他们会继续喝大量的奶，从而影响对固体食物的胃口。

你可以在宝宝 9 个月大时就让他开始用水杯喝水，这样当他 1 周岁时，就会很愉快地放弃奶瓶。

每日饮食需求

在宝宝满周岁时须注意的是，他已经不必再喝那么多奶了，如果把其他食物中所含有的乳品包括进去，宝宝一天不应喝超过 600 毫升的奶。1 岁之后，宝宝每天的奶量至少应有 350 毫升，通常可分成两三次喂他，同时也包括和其他食物一起添加，以及加在麦片中的奶。

宝宝 1 岁之后，就可以喝经灭菌处理的全脂牛奶。如果他不愿意喝牛奶，你可以逐渐在奶粉里加入牛奶，直到宝宝完全接受这种新口味。如果有可能的话，尽量给他喝有机牛奶，因为这种牛奶源于以青草为食的奶牛，含有更多的 ω-脂肪酸，这种脂肪酸对于维持心脏健康、关节灵活度、骨骼和牙齿的健康至关重要。确保宝宝摄入足够的 ω-脂肪酸很关键。在 1 周岁之前，所有奶瓶和水杯依然应该杀菌消毒。

宝宝每日三餐最好都能营养均衡，蛋糕、饼干、糖果等食品不要多吃。每天最好让他摄入 3 ~ 4 份碳水化合物、3 ~ 4 份果蔬、1 份动物蛋白质或者 2 份植物蛋白质。

年满 1 岁时，宝宝的食谱应该如下：

上午7：00—7：30	早餐 母乳或奶粉，用水杯喝 全麦或燕麦麦片，外加奶水和水果 牛奶什锦早餐 烤面包外加摊鸡蛋，乳酪和切碎的水果
中午12：00	午餐 冷冻的碎鸡块搭配奶油，外加苹果和芹菜沙拉，或西红柿酱拌牛肉丸加卷心菜和土豆泥，或金枪鱼汉堡和什锦蔬菜泥，或爱尔兰炖汤外加芹菜馅儿饺子 水和稀释果汁，用水杯喝

下午2：30	下午点心 奶水，温开水或稀释果汁，用水杯喝
下午5：00	晚餐 浓汤和三明治，或蔬菜比萨外加沙拉，或鹰嘴豆搭配菠菜丸子外加自制番茄酱，或扁豆和蔬菜宽面 奶水，温开水或稀释果汁，以水杯盛放
晚上6：30	母乳或180毫升的配方奶，用水杯喝

常见问题回答

问： 我如何判断什么时候宝宝可以开始断奶呢？

答： 如果宝宝突然开始夜醒不断，或者天没亮就醒，并且醒来很难再睡回去，你就可以开始考虑断奶。

一个只吃奶粉的宝宝，如果一天的奶量超过960～1140毫升，每次都能喝光240毫升的奶，并且还没等到下一顿就饿了。

一个只吃母乳的宝宝，如果每次吃完奶，之后两三个小时又饿了。

无论是母乳喂养还是奶粉喂养的宝宝，如果你发现他们开始把手放在嘴里啃，并且两餐之间非常烦躁易怒的话，就可以考虑开始添加固体食物，并逐步断奶。

如果你无法确定自己的判断，可以咨询下相关护理人员或者医生，特别是宝宝未满6个月的时候，你更要密切留意。

问： 如果太早给宝宝断奶，会有什么问题？

答： 这样做可能会伤害到宝宝的消化系统，因为对于太小的宝宝，他的胃还不能分泌出分解固体食物所需要的一系列消化酶。

过早让宝宝吃固体食物，可能导致宝宝过敏。研究表明，在未满6

个月就断奶的宝宝当中，发生咳嗽和气喘的比例很高。

问：应该从哪一餐开始给宝宝添加固体食物？

答：我通常会在上午 11：00 那一顿开始让他吃固体食物，而且慢慢把它往后挪到 12：00，让他们这一餐的进食时间与大人的午餐时间相同。

宝宝在这个阶段的主食，仍然以母乳或奶粉为主。上午 11：00 喂他固体食物之前应该先喂他喝奶，这样可以保证在中午 12：00 之前，宝宝至少已经摄取了一半他每日需要摄取的奶量。

如果下午 2：30 给宝宝摄入固体食物，可能会延后晚上 6：00 那顿很重要的一餐。

如果宝宝的食量很大，并且连续三天对米粉没有不良反应，我会把米粉改到晚上 6：00 那一餐之后再喂给他吃。

问：第一次给宝宝喂固体食物，最好先选择哪一种食物？

答：我觉得有机米粉最容易让宝宝吃饱。如果宝宝能适应米粉，之后我会喂他吃一些梨泥。

如果宝宝对这两种食物都能适应，你就可以参照本书断奶第一阶段的内容，开始让宝宝吃不同种类的蔬菜。

由英国萨里大学发布的研究报告指出，宝宝如果开始断奶后先吃水果，效果不如吃米粉好。因此，他们的建议是宝宝断奶后，首选的固体食物应该是婴幼儿米粉。

问：我怎么知道给宝宝喂多少固体食物才合适？

答：宝宝出生最初的 6 个月里，最主要的营养来源仍然是奶水，它能给宝宝提供均衡的维生素和矿物质，所以，在他开始吃固体食物以后，每天依然需要摄取至少 600 毫升的配方奶或母乳。在开始进食固体食物的第一个月，要先给宝宝喝配方奶，再给他吃固体食物，确保他对固体食物的摄取恰到好处。这样也可以避免宝宝从奶水到固体食物的过渡太快。

如果你的宝宝已经适应了米粉和泥状食物，就可以从上午 11：00 那一餐开始，先喂他喝大部分他该喝的奶，接着再给他吃固体食物，最后让他把剩下的奶喝完。这样能促使宝宝慢慢地减少喝奶量，转而吃更多的固体食物。等他到了 7 个月大时，就可以适应一日三餐的进餐模式。

如果是母乳喂养的宝宝，你可以先给他喂一边奶水，这样就等于宝宝喝了大部分该喝的奶。

问：到什么时候宝宝可以完全不用喝晚上最后一餐的奶？

答：如果你的宝宝每天吃 5 次奶，并且在晚上 6：00 吃完奶之后，吃的固体食物量也开始增加，那么等他到了下一餐，奶量自然就会减少。这时，你就可以逐渐把这一次喂奶取消。

如果你是在宝宝 6 个月大时开始断奶，那建议你还是保留晚上的那一次喂奶，等他适应固体食物之后，就可以比较容易取消这一餐。

在取消了晚上的那一次喂奶之后，紧接着你可以取消上午 11：00—11：30 的那一次喂奶。一旦宝宝午餐开始吃鸡肉或者鱼肉，就可以用水或者稀释的果汁来代替这一餐的奶水，水和果汁要盛在杯子里给宝宝喝。

当宝宝在 9 ~ 12 个月大的时候，他会逐渐失去对下午 2：30 那一餐的兴趣，妈妈可以趁这时候，帮他把这一餐取消。

问：宝宝多大时应该开始使用杯子，从哪一餐开始使用？

答：一般而言，宝宝 6 ~ 7 个月大的时候，是开始使用杯子的最佳时机。

当你在用水或者稀释的果汁代替午餐奶的时候，就可以把它们盛在直饮杯或者鸭嘴杯里，让宝宝喝。

在宝宝吃饭吃到一半时开始让他喝，每吃几餐勺的固体食物就喝一些。

坚持很重要。多试几种杯子，然后选一种宝宝最喜欢的。

当宝宝在午餐时可以用杯子喝几十毫升水后，你就可以逐渐让他在用其他餐的时候也使用杯子。

食疗研究协会一再强调，宝宝满1岁之后不应该再使用奶瓶，因为这会影响他对其他食物的兴趣。

问：什么时候我可以让宝宝开始喝牛奶？

答：我通常会在宝宝6个月大开始，在他的固体食物中加入少量的牛奶。食疗研究协会的研究报告则建议，可以在4个月大开始。

在宝宝未满1周岁的时候，不应该让他喝牛奶。

给宝宝喝的牛奶，最好是经过灭菌处理的有机全脂牛奶。

如果宝宝不愿意喝牛奶，就在牛奶中加一点奶粉；如果他能很愉快地喝下去，就可以逐渐增加牛奶的比重，直到他完全能接受牛奶。

问：什么时候开始宝宝不用再吃泥状的固体食物？

答：在宝宝约6个月大时，我会把他吃的蔬菜水果捣烂了喂给他吃，这样食物就不会太硬，虽然不如完全泥状来得软，但还是适合宝宝吃的。

在宝宝6～9个月大的时候，我就不会再把食物捣烂了，而是慢慢地给宝宝试着吃一些块状食物。

在宝宝满10个月之前，鸡肉和牛肉还是应该用料理机搅拌一下。

问：什么时候可以让宝宝开始自己用餐勺吃饭？

答：一旦宝宝开始试着去拿餐勺，就可以给他一把，让他练习握着。

如果他一直不断地把餐勺放进自己嘴里的话，你可以另外拿一把餐勺取一点食物，让他自己用餐勺把这些食物送到嘴里，同时你用手里的餐勺接住他掉下来的食物。

妈妈们只要做好协助与引导，大多数满1周岁的宝宝都可以自己拿着餐勺吃某些食物。

宝宝吃东西的时候，一定要有大人陪，千万千万不要让宝宝独自吃饭，以免发生危险。

问：**什么时候可以不用再给宝宝的奶瓶和餐具消毒了？**

答：在宝宝满1周岁之前，奶瓶使用前一定要消毒。

宝宝到了6个月大时，他专用的碗盘和叉勺就不需要再特别消毒了。可以直接把它们放进洗碗机，用热肥皂水清洗、冲干净，然后再自然风干。

在宝宝6个月大以后，他吃固体食物需要用到的开水壶，煮饭器具及水杯都可以放进洗碗机用热肥皂水清洗、冲干净，然后从洗碗机中拿出来，再放入开水中烫一下，在使用前晾干，就算是消毒干净了。

问：**哪一种固体食物最容易引起宝宝过敏，有何重要症状？**

答：最常见的容易引起宝宝过敏的食品是乳制品、麦片、鱼肉、鸡蛋以及柑橘类水果。

过敏的主要症状包括红肿、皮疹、气喘、咳嗽、流鼻涕、屁股酸痛、腹泻和眼睑水肿。

在断奶过程中，你一定要详细地记录好宝宝的进食情况，这样有助于你迅速找出过敏源。

上述过敏症状，也有可能是因为家中老鼠、宠物身上的毛、羊毛制品、洗澡时使用的肥皂和家用清洁剂而引发的。

如果你怀疑宝宝可能有过敏的情形，最好赶快带他去看医生，以避免过敏症状进一步转成其他疾病。

18

宝宝第1年的常见问题

The New Contented
Little Baby Book

这一章内容，应该包含了所有新手爸妈最关心的问题。而这些建议，基本都来自我过去二十多年的实际护理经验。但有一点不得不说，**每个宝宝都是独立的个体，虽然我曾护理过数百个宝宝，但他们各有各的不同，也有很多不一样的问题产生。**

所以这一章，我把内容的重点放在了宝宝出生后的第一年里，爸爸妈妈们经常会遇到的问题上。希望通过阅读这部分内容，能够分解新手爸妈的担忧。我太理解现在的很多父母，哪怕是孩子有一丁点的小问题，都变得神经兮兮。但听我说，无论什么时候，当你有担忧的时候，你都可以第一时间向医生或者其他护理人员咨询。所以，不要为这些担忧而困扰，你更应该珍惜的是和宝宝在一起的最珍贵的第一年。

接下来，我把这些常见问题分成了三类：共性问题、饮食问题和睡眠问题。你可以根据目录，查找自己关心的问题。需要强调的是，这三类问题难免会有重复的地方，而且睡眠和饮食是相辅相成的。我希望尽可能地把问题解释明白，这样对你们或许更有帮助。

共性问题

给宝贝拍气

当宝宝在用餐时，你要根据他的实际需求来判断什么时候该给他拍气。如果你喂一喂就停下来拍气，一直打扰他，会让他很烦躁，甚至大哭。这样实际上更容易造成严重的胀气，因为哭泣时吸进的空气远比喝奶时吃进的空气多得多。我发现，很多妈妈都会无休止地给宝宝拍背，因为她们觉得自己的宝宝已经胀气了。然而事实上，大部分的宝宝只要在喝奶中间拍一次气，喝完再拍一次就够了。

母乳喂养的宝宝，在需要拍气的时候，会自己停下来把妈妈的乳房推开。如果他吸完一边的奶后还没有推开的话，你可以试着在换到另一边之前帮他拍气。喝奶粉的宝宝大概都在喝完一半或四分之三奶瓶的时候会想休息一下，这时候你可以帮他拍气。不管是母乳宝宝还是奶粉喂养的宝宝，只要按照下图所示，采用正确的抱姿，在宝宝吃到一半或者全部吃完的时候帮他拍背，应该很快就可以把他肚子内的气拍出来。如果你拍了几分钟后，宝宝还没有打嗝，那你最好先不管他，等会儿再拍。很多时候宝宝会在平躺着换尿片的时候，自己把气吐出来。

正确的拍背姿势

有些宝宝，会通过放屁来排出体内多余的气体，但是这样他可能会因为肠胃不舒服而不开心。如果宝宝是母乳喂养，妈妈就得密切注意自己吃进去的食物，看看是不是有某一种特定的食物，会引起宝宝喝完奶后放屁。有些妈妈吃太多柑橘类的水果和果汁，会导致宝宝吃完奶后一直放屁。还有些妈妈可能会因为吃了巧克力或者太多的乳制品，导致宝宝放屁。

与此同时，母乳妈妈也要尽可能地确保宝宝可以吃到后奶，因为如果宝宝吃了太多的前奶，也会导致腹痛和放屁。而对于奶粉喂养的宝宝，如果他已经使用了防胀气奶瓶吃奶，却还是一直放屁，那他很可能是吃得太饱了。细心观察你的宝宝，若是他每天持续性地比建议量多喝了 90～180 毫升的牛奶，并且每周平均增加了 240 克的体重，那你可以连续几天让他少吃一两餐（下午 2∶30 或 5∶00 的那一餐），看看情况会不会改善。对于喜欢吸吮的宝宝，应该在少量喂奶之后给他一个安抚奶嘴，以满足他吸吮的需要。

有些奶瓶的吸嘴孔不是太大就是太小，宝宝用它来吸奶容易引起胀气。你可以多试验几种不同型号的奶嘴，有的时候用小吸孔的奶嘴喂宝宝几次，可以防止宝宝喝奶过快，避免放屁过多。

肠绞痛

对于 3 个月以内的宝宝而言，肠绞痛（或称不明原因哭闹）是非常普遍的问题。它会使宝宝和父母都痛苦不堪，截至目前，基本没有什么好方法可以解决这个问题。市面上有很多产品声称对肠绞痛有效，但大多数肠绞痛患儿的父母都表示，它们根本没有太大用处。肠绞痛有可能发生在一天当中的任何时候，但最常见的发作时间还是集中在下午 6∶00 到午夜。很多父母为了让宝宝在肠绞痛时舒服一些，会不停地喂奶、摇晃、拍背，想帮助宝宝度过肠绞痛发作。但多数情况下，宝宝的状况并未得到缓解。而且很多时候，这些宝宝的睡眠习惯也因为肠绞痛而被搅乱得一塌糊涂，等到 4 个月大后，肠绞痛自动消失时，父母们想要纠正宝宝的睡眠问题也就很难了。

这些向我求助的父母，这样描述宝宝肠绞痛时的症状：经常尖声哭叫，而且一哭就是几个钟头，身体不断扭动，两腿在空中踢来踢去，看上去很痛苦。肠绞痛的宝宝通常有一个共同点：他们都是按需喂养，想吃多少，妈妈就会喂多少。但根据我的经验，按照这种方法喂养，很容易导致宝宝上一餐吃的还没消化，又开始吃下一顿。我认为，这种喂养方式也是引起肠绞痛的原因之一。

所有我照顾过的宝宝，没有一个受过肠绞痛之苦，而我相信，这是因为我从他们一出生开始，就坚持帮他们训练良好的吃睡作息。当我被一些焦急的父母临时找去照顾他们肠绞痛的宝宝时，我发现，一旦这些宝宝的作息进入正确的模式，肠绞痛的症状都会在 24 小时之内明显改善。

首先，我会确认宝宝的肠绞痛是按需喂养的模式引起的，而非妈妈的饮食问题。然后，根据宝宝的月龄和症状，以及他们在傍晚和半夜的用餐状况，我会给宝宝喝一些糖水。1 ~ 3 个月大的宝宝，如果在夜间过量喂奶，每周体重的增加量总是超过建议值，我会在夜里用糖水代替奶水。当宝宝半夜醒来的时候，我会给他们喝下用 60 毫升温开水和一匙糖兑成的糖水，一次安顿他们入睡。我发现像这么小的婴儿，如果只给他白开水，他还是会吵个不停，喝一些糖水会让他有饱足感。不管他是否睡饱了，我一定会在早晨 7：00 叫醒他，接下来的一天，宝宝的作息都以作息表为依据，一直到晚上 6：30。如果宝宝吃的是母乳，在 6 点多的这一餐，我会用挤出来的奶水给他们加餐一次，以确定他有吃饱。否则，可能刚过两个钟头，他又会起来找奶吃。前面说过，**喂食次数太多也是造成婴儿肠绞痛的主因之一**。至于喝奶粉的宝宝，我会在下午 2：30 的那一餐少喂一点，这样他在 6：30 的那一餐就会吃得饱一些。

对于 3 个月或者更大的宝宝，我会试着彻底取消午夜喂奶，或者至少把半夜喂奶的次数减少到 1 次。但无论如何，你一定要保证宝宝在下午 6：30 的那一餐吃好，这一点很重要。

偶尔有一些宝宝会因为肠绞痛太严重，而使得生活作息很不规律。对于这些宝宝，我会采取平息哭泣法，不回应他们的哭闹直到他们入睡，这样连续三四晚之后，他们通常可以很愉快地睡到晚上这 10：30 起来喝奶。因为他们睡得好，而且距离上次喂食也有整整 4 个小时，所以他们心满意足，在 10：30 吃完之后，又可以接着继续一轮更长的觉。至于宝宝半夜醒来，你应该让他吃奶还是喂他糖水，全部依据宝宝的月龄来定。一个 3 个月大的宝宝，如果已经可以在晚上 10：30 最后一餐吃完后，一直睡到早晨六七点，那你可以连续一周，在他半夜醒来的时候给他喝糖水，当他习惯了之后，再把糖的分量减少，直到他可以只喝白开水。

上述方法以及作息表，能够让一个因为肠绞痛而作息太乱的宝宝，在几周之内一觉到天明。当然，前提是在矫正期的第一周，连续给宝宝喂糖水，这一点非常重要，如果只用普通的白开水，绝不会有同样的效果。这个方法是 25 年前我从一个很有经验的新生儿护士那里学来的，25 年来这个方法对我从来没有失效过。有些父母会担心宝宝因为喝糖水而伤害到牙齿，但其实我认为他们大可不必担心，因为我们只是在短时期内给宝宝使用这种方法，而我迄今为止也没发现自己照顾过的宝宝出现过这类问题。事实上，我很荣幸地告诉大家，就在最近，我的糖水理论得到了医学上的支持，澳大利亚布里斯班皇家儿童医院的皮特·里文顿医生的研究结果佐证了这种方法的有效性。他的研究表明，糖可以刺激人体内部分泌自然止痛因子；研究也表明，糖水对于宝宝的肠绞痛症状有一定的缓解作用。

宝宝哭泣

许多主流的育儿书都说，大多数宝宝平均一天都会哭上 2 小时。伦敦大学的托马斯·克拉姆研究小组也支持这个说法。他们甚至声称，在宝宝一个半月大的时候，他的哭闹时间会达到峰值。此外，大约 25%

的婴儿，在这个阶段，一天会哭闹 4 小时。詹姆斯·罗伯特医师也说，婴儿的哭闹 40% 发生在晚上 6 点至半夜的时段。《他们为什么哭：了解宝宝第一年的发育》这本书的作者范德里特和普罗吉，花了二十多年的时间研究宝宝的成长规律，他们称，宝宝在第一年会经历神经系统的七大发育阶段，在经历其中任何一个阶段的时候，宝宝都会变得暴躁、需索无度，家长也会觉得头疼不已。

就我的观察，那些很小的宝宝，他们在 3 ~ 6 周的时候，确实会经历一个情绪不稳定的阶段，而这个时间恰恰与他们的一个猛长期相契合。然而，我几乎无法忍受自己照顾的宝宝一天哭上一个钟头，那样我一定会担心得不得了，更别说让他一天哭上 2 ~ 4 个小时了。很多父母在采用了我的作息法后都表示，自从他们遵循了一定的作息规范，宝宝就变得快乐又满足。

当然，我照顾的宝宝也有哭的时候。有些是在换尿不湿的时候哭，有些是在洗脸的时候，还有一些会在上床睡觉的时候反抗一下。对于那些哭着不肯睡的宝宝，我会先确定他们有没有吃饱、是不是拍过气了，然后再坚持自己的态度，示意他们该睡了。有时候他们会哭一哭或大叫抗议，但 10 ~ 20 分钟后，他们通常就会自己静下来。这是我所经历过的真正意义的哭泣，即使这种哭泣只是发生在极少数我照顾的宝宝身上，并且持续时间不会超过一两周。

可以理解，所有的父母都不喜欢也不愿意听到自己的宝宝哭闹，他们会担心如果把宝宝一个人放在床上，让他哭不管他，会不会对他的心理产生不好的影响。但是，请相信我，如果你有做到让他吃饱，而且睡觉和游戏的时间都依照作息表来走的话，那就别害怕，他不会有什么心理上的问题。而且根据我的经验，虽然现在你是偶尔让他哭一哭，但从长远来看，你的宝宝会是快乐安逸的，也能很快学会自主入睡。很多父母，他们用自己的方法照顾了第一个宝宝，再用我的方法来应对二胎时，都会由衷地感叹，我的方法不仅是目前为止最好的方法，也是最简单省心的方法。

芝加哥儿童医院睡眠紊乱中心医务部的主任马克·维斯布鲁斯在他的著作《健康的睡眠，造就一个快乐的童年》一书中提到，**每个父母都必须了解，他们是允许宝宝哭泣，而不是惹宝宝哭泣**。他还提到，宝宝越大越难让自己安静下来。因此，当你让宝宝在睡前哭一段时间的时候，不要觉得内疚或感到残忍。只要确定他有吃饱，并且他也醒了一段时间，那他很快会学会自己平静下来，慢慢入睡。注意，不要让宝宝醒太久，否则他太过劳累，反而很难入睡。

我在下面列了几种导致宝宝哭泣的主要原因。你可以根据这些标准来判断自己的宝宝为什么会哭闹。

饿　了

导致宝宝哭泣的首要原因，就是宝宝饿了。尤其小月龄宝宝，如果出现烦躁不安且很难入睡的现象，那么我多半会判断他是饿了，这时候无论是否符合作息规范，我都会给他喂一些奶吃。

还有一种情况，宝宝白天吃奶都吃得很好，而且每顿吃完都能自己愉快地清醒一段时间，然后一觉睡到下一顿吃奶，但到了晚上，他却怎么都不愿意睡觉。这种情况，我也会判断宝宝是饿了。事实上，我接触过的很多妈妈，白天奶水分泌量都很旺盛，可到了晚上，因为一天的劳累，奶量明显减少。如果你也是这样的情况，我会强烈建议，每天晚上给宝宝洗完澡之后，再用挤出来的奶水少量地给宝宝加一顿餐。如果你这样尝试一晚后，宝宝能够很好地入睡，那就说明的确是你的奶水到了晚上分泌不足。你可以参照后文的追奶计划，来试着应对这个问题。

但是，如果你发现，宝宝不管白天、晚上吃奶都很好，可就是不会好好睡觉，那你需要进一步确认，是什么其他的原因导致宝宝烦躁不安。我经常听到很多人说，宝宝刚出生的时候，除了哭也不会干别的事，所以即使他们爱哭也是正常的。说实话，这种观点我并不认同。过去二十多年，我亲手照料过数百个宝宝，爱哭闹的宝宝几乎屈指可数。即便是遇上了这样的宝宝，我也一定会想尽办法帮他们调整，除非实在无能为力。但后者几乎不可能。因为我非常了解，除了吃奶、睡眠、抱抱之外，宝宝还有很多其他需求。

疲　劳

一般来说，一个 6 周以内的宝宝，每次清醒时间超过 1 小时后，就会开始感到疲累了。但他们可能并不会表现出很累的样子，或者即便他们累了，也未必就想睡觉。不管是什么样的情况，我还是建议，在宝宝刚出生那几天，如果他的清醒时间达到了 1 小时，你就应该把他抱回房间，让他逐渐放松下来。这时候，不要让访客过多地去搅扰宝宝。

过度疲劳

如果是 3 个月以内的宝宝，每次醒着的时间不应超过两小时，否则他们会变得过度疲劳，连带着入睡也变得困难。通常，只有在受到过度刺激的情况下，宝宝才会过度疲劳。越是疲劳，宝宝越不愿睡觉。所以，妈妈一定注意，不要让一个 3 个月以内的宝宝，清醒超过两个钟头，否则他几乎不可能睡着。

但是如果实在避免不了，宝宝就是不愿意睡，你可以短时间地采用"平息哭泣法"，让宝宝自己哭一会儿不去管他。但前提是你已经确定宝宝吃饱，并且拍过气了。

枯　燥

在建立作息规范的时候，即便是新生儿，你也应该在他该醒的时候把他叫醒。白天每餐喂完奶后，你要尽可能地让他清醒一小段时间。1个月以内的宝宝很喜欢黑白卡之类的东西，尤其是人脸图案。当然，他们最有兴趣的还是爸爸妈妈的脸部图片。这时候开始，你要给宝宝的玩具分好类，哪些是他清醒时候玩的，哪些是他快睡觉时安抚用的。清醒时候玩的玩具，色彩可以鲜艳点，声音也可以大些，安抚性质的玩具则应该尽量静音。

胀 气

所有的宝宝在吃奶的时候都会吃进一定量的空气，尤其是奶粉喂养的宝宝，吃进去的空气会比母乳喂养的宝宝多。通常来说，只要父母辅助拍气，大多数宝宝都可以很轻松地吐出吸进体内的空气。但是也有宝宝没有把气吐出来导致胀气的情况，这时候你就要密切留意，他是不是两餐间隔时间太短（之前提到，宝宝想吃就吃，或者吃太多了，这两种情况都是造成他们肠绞痛的主要原因）。而两餐间隔时间太短就意味着，宝宝还没有把上一顿吃进去的奶完全消化掉，又接着吃下一顿。通常来说，母乳宝宝两餐间隔至少在3小时最好，奶粉喂养的宝宝则需要3.5 ~ 4个小时。

安抚奶嘴的使用

我知道，有很多育儿专家一听到安抚奶嘴就皱眉。他们声称，婴儿只要吸吸自己的大拇指，就可以满足他们的吸吮欲了。但我发现，很多宝宝不管怎么吸大拇指都没办法觉得满足。事实上，宝宝如果要从吸吮拇指中去满足欲望，那他大约得连续吸上3个月。

我也不明白为什么现在很多父母，宁愿把自己的手指伸进宝宝嘴里让他吸，然后连续几个钟头哄他，抱着他摇来摇去或是走来走去，也不愿意给他一个奶嘴吸吸。这些父母的行为，直接导致他们的宝宝强烈需要大人的关爱，即使只是把他放在椅子上15分钟他也不肯，而这一切，其实一个奶嘴就可以解决。

我一直认为，安抚奶嘴如果使用得当，会对宝宝起到很大的帮助，尤其对于那些爱吮吸的宝宝。与此同时，我也一直强调，不要让你的宝宝把安抚奶嘴掉在他的床上，或者不要让他衔着安抚奶嘴睡着，这两点都很重要。

在我看来，奶嘴的用途只是用来安抚宝宝，或者必要的时候让他在睡觉前能够安静下来，但是在他睡着之前，必须把奶嘴拿开。如果让宝宝含着奶嘴睡觉，会造成他不好的睡眠习惯，他有可能一个晚上会起来好几次，每次都会希望能再含着奶嘴睡觉。只要你在他睡着之前把奶嘴从他嘴里拿出来，就可以轻易地避免这种状况。

很多我照顾过的宝宝，我都会让他们使用安抚奶嘴，并且从没发生过什么问题。在谨慎的使用下，这些宝宝通常在 3 个月大的时候，就不大喜欢奶嘴了。如果他到 4 个月大仍然很依赖奶嘴，那我会花上两周左右的时间，逐步帮他把奶嘴戒掉，因为如果放任不管的话，很可能会产生其他问题。

市面上有两种类型的安抚奶嘴，一种是呈圆形的奶嘴，另一种是扁平形的奶嘴，又叫矫正型奶嘴。一些专家声称，矫正型奶嘴更适合宝宝的口腔形状，而根据我的经验，这种奶嘴也有问题，那就是很多小宝宝没办法长时间地吸这种奶嘴，所以我更倾向于圆形奶嘴。虽然他们都说，宝宝长牙期间过度使用安抚奶嘴，会造成咬合问题或暴牙，但到目前为止，我护理过的宝宝当中，都没有出现过类似情况。

不管你用的是哪种奶嘴，别忘了多买几个，经常替换。奶嘴的清洁非常重要，每次用过后都应该清洗消毒。很多父母以为，安抚奶嘴吃过以后用嘴巴舔一舔就干净了，但事实不是这样，嘴里的细菌比我们想象的要多得多。

打　嗝

小宝宝打嗝是很正常的事，通常他们都不太在意。打嗝的时间大部分是在喝完奶之后，如果他是在晚上睡觉前的那一餐后开始打嗝，而且已经准备睡觉了，那你还是应该让他睡觉。如果你想让他打完嗝再睡，那他可能会被你抱着抱着就睡着了，这是不好的睡觉习惯。很少宝宝会因为打嗝而感到不舒服，但如果你的宝宝就是其中之一，那你可以根据建议，给他服用一定剂量的驱风剂，效果很好。

吐　奶

有些宝宝打完饱嗝或者是喂完奶后会吐出少量的奶，这是正常的现象。对大多数婴儿来说，吐奶都不是什么大问题。但是，如果宝宝每周都会规律性地吐出 240 克左右的奶水，那他一定是吃太多了。用奶瓶喂养的宝宝，这个问题可以很好解决，因为你能看到他喝了多少。只要让他少喝点，就可以解决吐奶的问题。相比之下，母乳喂养的宝宝，就比较难判断他到底喝了多少奶。但这并不代表你就束手无策了，你可以记录下哪几次喂奶他吐得比较多，然后在相应的时间缩短喂奶时间，这样吐奶的情况就可能得到缓解。

如果宝宝大量吐奶并且体重不增加，那他可能患上了"胃食管反流病"。你可以请医生诊断开药，这种药应该是在餐前或是餐间喂宝宝，它可以帮助奶水流进胃里，而不会吐出来。餐后尽量让宝宝直立，同时在拍气时也要多加小心，注意他是否还是有反胃的现象产生。

如果宝宝连续两次都把所有喂进去的奶全部吐出来，就必须立即带他去看医生。

胃食管反流病

有些宝宝的症状看起来像是婴儿肠绞痛，但事实上他们得的是"胃及食道逆流症"。因为宝宝食道尾端的肌肉无力，无法把奶水推送至宝宝的胃里，所以，食物会夹带着胃酸往原方向退回去，这时候食道会产生非常灼热的疼痛感。大量吐奶就是症状之一。但并不是所有患这种病征的宝宝都会吐奶，所以这些宝宝经常会被误诊为肠绞痛。

患了胃食道反流病的宝宝很难喂奶，每当吃奶的时候，他们都会把背拱起来，而且吃一吃就会尖叫。被放下之后，他们也会显得暴躁易怒。出现这种情况的时候，再多的抱抱或轻摇都不能让他们安静下来。如果你的宝宝有这些症状，你应该让医生做一下相关诊断。我看到许多这样的例子，宝宝被诊断为肠绞痛，但事实上却是得了胃食管反流病。如果你认为宝宝患有反流病，就不要轻信任何人把这种疼痛说成肠绞痛的观点。反流病会给家长和宝宝带来痛苦，你可以适时地求助医生或社区大夫。

照顾胃食管反流病的宝宝很重要的一点是，不可以喂得太饱，而且喂完奶之后要尽可能让他保持直立的姿势。有些宝宝需要数月的治疗，才能使食管末端的肌肉强韧起来。但好在，大部分宝宝1岁之前都会摆脱这种情况。

分离焦虑症

通常来说，6个月大的宝宝就会开始认妈妈了，如果妈妈离开，他们会逐渐有意识。6～12个月大时，他们还会表现出一些分离焦虑症的迹象。比如，宝宝平时都很好，乖乖吃饭，乖乖地玩，但突然某一天，就开始变得非常黏人，总是表现得很不安，并且妈妈一离开房间，就开始大哭。

这种突然的情绪变化，可能会让你陷入慌乱，但相信我，你无须过多担心，每个宝宝在他成长的过程中，都会或多或少地经历这个阶段。这是再正常不过的现象。或许你会感觉筋疲力尽，但是别怕，它不会持续太久。

下面有一些方法，希望可以帮助你轻松地应对这段时期的问题。

★ 给宝宝选择一个安抚玩具，也可以是一块安抚巾或毛毯。再或者，你可以引导宝宝，给自己选择一个安抚物品。这种物品可以给宝宝提供持久的熟悉感，关键时候还可以起到很大的抚慰作用。但是，在给宝宝选择安抚物的时候，你一定要考虑到安全性，确保它不会掉毛，因为掉下来的绒毛很可能会被宝宝吸进呼吸道，从而造成危险。同时，这件安抚物也应该好清洗，并且耐用。

★ 如果你打算在宝宝6个月之后重返工作岗位，那在此之前，你就要有意识地锻炼他去和别人相处。如果一直以来都是你自己照看宝宝，他很少有机会接触生人，那他自然会认为，和妈妈分开是一件很不开心的事情。如果条件允许，你可以请人来帮你照看宝宝，安排好宝宝每天的日常作息，或者你也可以和朋友轮换着照看彼此的小孩。这样可以让你的宝宝明白，妈妈只是暂时离开他，很快就会回来，也可以使母子二人的分离焦虑最小化。

★ 你要确保在产后复工前的一个月，让宝宝完全适应接下来照顾他的人。可以从一天1小时开始，一点点地延长你跟他分开的时间。如果接下来照顾他的人能够提供有力的支持，那么长时间的分离对你们来说会变得简单轻松。

★ 提前越久开始让宝宝适应你的离开越好，这样你就可以灵活应对很多问题。比如，你离开以后，宝宝可能很不舒服，这样你就可以把分离的时间再推后一周。但在推后的这一周时间里，你每天都要增强他的信心，让他明白你还会回到他身边。坚持这样去做，等下次你再离开的时候，他的反应就会比上一次好很多。

★ 如果宝宝非常喜欢做某件事——比如用勺子敲打平底锅，或是喜欢某个特别的玩具，你可以事先告诉。

★ 平时照看宝宝的时候，你可以有意识地去教他，跟玩具或泰迪熊说"你好"和"再见"。因为事实上，再小的宝宝都会对"与某个人或者某个玩具的分离、重逢"有相应的概念。

★ 如果宝宝愿意和接下来照顾他的人相处，你要毫不吝惜地称赞他。

★ 你要多和宝宝说话，不要总觉得他听不懂。要知道，宝宝的信息摄入能力是很惊人的。你可以在爸爸去上班时，一遍遍地告诉他，"爸爸上班去了，等他下班了就会回来"。如果他能习惯爸爸上班的节奏，那么等到你去上班以后，宝宝也会很确信，你会回来的。

★ 分离到来的那一刻，要用最简洁的方式跟宝宝说再见。态度要积极一些，借助慰藉的话语和笑容，让宝宝安心。你也可以抱抱他，亲亲他，告诉他"妈妈很快就会回来的"。每次离开之前，尽量都用同样的动作和同样的话和他道别，不要表现出焦虑和担心，因为对于你的情绪变化，宝宝都会很敏锐地察觉。虽然有些宝宝还是会在妈妈离开之后大哭，但通常我会建议接下来照顾宝宝的人，要试着转移宝宝的注意力。

★ 不要不辞而别。离开之前，最好跟宝宝说再见。虽然他很可能不高兴，同时你也很不忍心，但你还是要让他明白，妈妈只是离开一些时间，晚上还会回来。如果你不打声招呼就一走了之，等宝宝反应过来妈妈已经离开了的时候，只会更伤心。之后他会变得更加黏人，生怕妈妈再次离开。

★ 相信自己的直觉。如果你发现宝宝在家里很烦躁，但是请来的看护人员却告诉你，宝宝在家很乖，不吵不闹，这时你就应该做到心中有数。

★ 在宝宝还没完全适应分离之前，你要告知请来的看护人员，尽量不要让他接触太多新事物，也不要让陌生人照看他。宝宝越是能平静地去应对日常的生活，就能越快地克服焦虑情绪。

陌生人焦虑症

当宝宝在大约 6 个月大时，本来很开朗的他很可能会在某天，突然对陌生人抵触起来。这时候，你或许很不解，宝宝为什么会有如此大的转变。但事实上，你完全不必担心。每个宝宝在成长的阶段，都会经历这么一个过程，这是他们在进行自我保护时的一种很自然的表现，它可以帮助宝宝去适应新的环境。

我们总是自以为，被亲友们来回抱抱，宝宝应该会很开心，但其实，不停地被不同的人抱，会让宝宝变得疲累又烦躁。

★ 如果你的宝宝在陌生人接近的时候会大哭，或是有人想哄哄他时，他把头转开，你就不要再强迫他，也不要要求他对每个陌生人都友善。你可以告诉对方，你的宝宝已经有自我意识了，他有时很害羞，希望大家不要介意。总之，不要试图强迫宝宝做他不想去做的事。

★ 可以多让宝宝看看亲友的照片，给他介绍照片上都是谁，或者多跟宝宝谈论经常见到的亲友，减少他们的陌生感。

★ 有些宝宝看到不常碰面的家人会表现得很烦躁，或者一见到他们就哭，这样可能会让大家都不开心。但是，如果你经常让宝宝和他们相处，也就不会存在这些问题了。

★ 你还可以试试角色扮演的游戏。如果你想让宝宝熟悉某些家人和朋友，就可以用这些人的名字来给他的玩具命名。

★ 如果是第一次上门的访客，你可以告诉他，你的宝宝有些害羞，他可能会害怕生人，还可能会认为，别人的亲昵是一种威胁。这个时候，如果宝宝表现得很烦躁，不去打扰他便好。如果宝宝没有表现出太大的抵触，就可以尝试着让他与客人接触一下，但不要要求他必须立即回应客人的眼神和语言。

★ 随着宝宝越长越大，他会逐渐适应他人的热情和关切，但有些宝宝还是会很害羞。对于这一点，你要有足够的心理准备，也要理解宝宝的处境，不要强行要求他一定要让大家满意。

常见喂食问题

难喂的宝宝

大部分宝宝一出生就会自己吃奶或者吃奶瓶，反而是妈妈们一开始什么都不会，要学习各种方法来给宝宝喂奶。但是，不排除有一些宝宝刚出生就吃奶困难，而且根据我的经验，那些难产的宝宝更容易出现进食问题。他们可能在吃母乳或奶瓶的时候，会表现得很烦躁，身体不断扭动。

如果你的宝宝正是其中之一，那我建议，在那一段时间，尽量不要让亲朋好友来打扰。即使他们出于善意，你也应该礼貌回绝。因为只要他们谈话，屋子里就不可能完全保持安静。

不论你的宝宝是吃母乳还是喝奶粉，下面这些方法都可以缓解宝宝的吃奶问题。

★ 照看吃奶困难的宝宝一定要谨慎，不要过度刺激他，也不要让人把他抱来抱去，尤其是喂奶之前。

★ 尽可能在安静舒适的房间里，给宝宝喂奶。房间里最多不能超过两个人。

★ 提前把喂奶要用到的东西都准备好，喂奶之前妈妈一定要休息好，记得吃饭。

★ 喂奶时不要开电视，也不要打电话，可以放一些舒缓的音乐。

★ 如果宝宝醒来要吃奶，先给他喂奶，之后再换尿不湿。否则，先换尿不湿再喂奶，他会很不耐烦，并且大哭。

★ 用柔软的棉布毯子把宝宝包好，这样他的手脚就不会乱动。喂奶之前你自己要放轻松。

★ 喂奶的时候，不要让宝宝边吃着乳头或奶瓶边哭。你可以抱紧他，保持哺乳姿态，轻轻地拍拍他，慢慢让他平静下来。

★ 试着往他的嘴里放一个安抚奶嘴，如果几分钟之后他平静下来，你就可以拿掉安抚奶嘴给他喂奶。

如果喂奶时，宝宝显得很烦躁，并且喂奶的时间超过 1 小时，就可以停下来，过一会儿再给宝宝喂。分两次喂奶要比一次性地强制喂下去效果好得多。

如果宝宝一直以来的食欲都很好，却在某天突然拒绝吃奶，那他很可能是身体不适。**耳道感染也是宝宝拒食的常见原因**，但不易察觉。如果宝宝表现出以下任何一种迹象，你都可咨询医师：

★ 突然没有食欲，喂奶时显得很不耐烦。

★ 正常作息被打乱。

★ 突然变得很黏人。

★ 总是昏昏欲睡，不愿与人接触。

乳汁分泌不足

对母乳喂养的妈妈来说，奶量不足是一个很常见的问题，尤其是在傍晚，奶量减少更为明显。这也是很多妈妈不能坚持母乳的主要原因之一。我认为，宝宝之所以频繁夜醒，烦躁不安，多半是因为饿了。如果奶量不足的问题没有在一开始就解决，那么，宝宝很快就会养成一种习惯——夜里不断地要吃奶。

当然，也有人认为，宝宝这样很正常，妈妈只要多喂喂就好了。但根据我的经验，这往往适得其反。因为妈妈分泌多少乳汁，完全取决于宝宝需要吃多大的奶水量，如果你总是频繁地给宝宝喂奶，就会刺激乳腺频繁而少量地分泌乳汁。这种少量的分泌很多时候根本不足以满足宝宝的需求，所以他总是饿得很快，也很容易烦躁。并且我认为，频繁地给一个又饿又烦躁的宝宝喂奶，妈妈会很累，导致压力倍增，乳汁分泌量骤减。

所以我建议，在刚开始母乳喂养的那几周，妈妈一定要坚持少量地挤奶，这样当乳汁分泌量没有达到宝宝的需求时，就不存在奶水不足的问题了。尤其是 1 个月内的宝宝，如果夜里不断醒来，那很可能就是喂奶不足。妈妈可以通过有规律地挤奶来解决奶水分泌不足的问题。

但如果宝宝已经超过 1 个月大，夜里很难入睡，或者白天不睡，下面的追奶 6 天计划或许可以帮到你，快速增加你的乳汁分泌。

追奶 6 日计划

第1~3天

早上 6：45

★ 从双侧乳房各挤出 30 毫升奶水。

★ 宝宝这时应该已经起床了，无论他夜里吃了多少次奶，7：00 之前也要再给他喂一次。

★ 用奶水较充足的一侧乳房喂他 20 ～ 25 分钟，再用另一侧乳房喂 10 ～ 15 分钟。

★ 早上 7：45 以后，不要再给他喂奶，让他保持清醒两个钟头。

上午 8：00

★ 上午 8：00 之前你要吃完早餐，早餐多吃点麦片、面包之类的，同时也要多喝水或果汁。

上午 9：00

★ 如果宝宝上午的小觉质量不高，可以再用上次喂奶的另一侧乳房喂奶 5 ～ 10 分钟。

★ 在宝宝小睡的时候，你也可以跟着休息一会儿。

上午 10：00

★ 无论宝宝睡了多久，现在都应该把他叫醒了。

★ 用上次结束喂奶的那一侧乳房喂他 20 ～ 25 分钟，同时妈妈可以喝一大杯开水，吃些点心。

★ 从另一侧乳房挤出 60 毫升奶水，再用这侧乳房喂他 10 ～ 20 分钟。

上午 11：45

★ 用挤出的 60 毫升奶水喂他，以免他午觉的时候饿醒。

★ 妈妈应该趁这个时候，好好吃午饭，并且休息休息。

下午 2：00

★ 不管宝宝睡了多久，他这时都应该醒来，并且在 2：00 之前给他喂一次奶。

★ 用上次结束喂奶的那一侧乳房喂他 20 ～ 25 分钟，同时妈妈可以喝一大杯开水，并从另一侧乳房挤出 60 毫升奶水，再用这侧乳房喂他 10 ～ 20 分钟。

下午 4：00

★ 根据与其月龄阶段相应的作息规范，让宝宝小睡一会儿。

下午 5：00

★ 此时宝宝应该完全清醒，在下午 5：00 前吃一次奶。

★ 让他在两侧乳房下吃奶 15 ～ 20 分钟。

下午 6：15

★ 用挤出的奶水给他加餐一次。体重低于 3.6 千克的宝宝可能需要摄入 60 ～ 90 毫升奶水才能安然入睡；体重超过这个范围的宝宝则需要喝 120 ～ 150 毫升的奶。

★ 趁宝宝睡着，你要好好吃顿饭，然后休息一下。

晚上 8：00

★ 从两侧乳房挤奶。

晚上 10：00

★ 从两侧乳房挤奶，这一点很重要，因为你可以根据这个挤奶量，来判断你的母乳分泌量到底充足不充足。

★ 安排老公或其他家人给宝宝喂睡前最后一次奶，这样你可以早点休息。

晚上 10：30

★ 把宝宝叫醒，晚上 10：30 之前给他喂奶。不管是母乳还是奶粉，最好都装在奶瓶里喂给他吃。

夜 里

如果晚上 10：30 那一餐宝宝吃得很好，他就应该可以坚持到凌晨 2：00—2：30。那时可以用一侧乳房喂 20～25 分钟，再用另一侧喂奶 10～15 分钟。为了避免他凌晨 5：00 再次醒来，你一定要喂他吃完两侧的奶。

但如果宝宝晚上 10：30 那一餐吃得很好，却还是在凌晨 2：00 之前醒了，那他应该不是饿了，可能是其他原因所致。

★ 检查看看宝宝是不是踢了被子，这也会造成他凌晨 2：00 之前醒来。一个半月以内的宝宝，如果总是翻来翻去把自己翻醒了，你就要给他包好襁褓。一个月半以上的宝宝，你可以把他的襁褓包一半，这样效果要好一些。最上面的一层被单要披好，床的两边和两头都要塞紧，以免宝宝睡觉的时候乱动。

★ 晚上给宝宝喂奶的时候，他应该是完全醒着的状态。如果他习惯在凌晨 2：00 之前醒，那你可以把他睡觉的时间推后一些，或者在晚上 11：15 安顿他睡下之前给他喂一些奶，这样有助于宝宝睡整夜觉。

第4天

第 4 天早上，你会感觉奶水明显充沛起来，相应地，你的追奶计划也该有所调整。

★ 如果宝宝在上午 9：00—9：45 之间睡得很好，就可以把 9：00 那一顿的喂奶时间减少到 5 分钟。

★ 如果宝宝午觉睡得很好，或者下午 2：00 那一餐吃得不好，就可以把上午 11：45 的加餐减少 30 毫升。

★ 取消下午 2：00 的挤奶，这样到下午 5：00，你的奶水就会比较充沛。

★ 如果你感觉下午 5：00 的奶水比以前充足，就要在宝宝完全吸空一侧乳房后，换另一侧乳房来喂他。如果洗澡之前他还没有喝完一侧乳房中的奶水，那么在他洗完澡后或加餐之前，你要继续用那一侧乳房来喂他。

★ 取消晚上 8：00 的挤奶，把原定于晚上 10：00 的挤奶提前到晚上 9：30，这次挤奶要记得把两侧乳房都挤空。

第5天

★ 因为在第 4 天，你已经取消了下午 2：00 和晚上 8：00 的挤奶，所以到了第 5 天早上，你的乳房会非常胀，这时如果你正准备喂早上第一餐奶，一定要尽可能让宝宝把两侧乳房吸空。

★ 早上 7：00 喂奶的时候，先用最胀的一侧乳房喂 20 ～ 25 分钟，然后从另一侧乳房中挤出一部分奶，再用那一侧乳房喂他 10 ～ 15 分钟。第二侧乳房要挤多少奶，取决于宝宝的体重。适量挤奶很重要，这样就可以留下足够的奶水，满足宝宝的需求。如果在每晚最后一次喂奶的时候，你能挤出至少 120 毫升的奶，就可以按照下面的建议来操作：

（a）宝宝体重 3.6 ～ 4.5 千克，挤奶 120 毫升；

（b）宝宝体重 4.5 ～ 5.4 千克，挤奶 90 毫升；

（c）宝宝体重 5.4 千克，挤奶 60 毫升。

第6天

第 6 天时，你的乳汁分泌会非常充足，就不需要再特意给宝宝加餐了，只要按照他相应的体重给他喂奶就可以。但奶还是要挤的，这样才能保证猛长期时，你的奶水分泌量足以满足宝宝的食量。我建议，每晚最后一次喂奶时，继续用一瓶挤出的奶水或者是冲好的奶粉给宝宝喂奶，直到他满 6 个月，可以摄入固体食物为止。这一次喂奶可以让老公或是其他家人代劳，这样妈妈可以早点上床休息，后半夜起床喂奶也会更轻松。

夜里吃奶太多

我发现所有一至一个半月大的宝宝，即使是按需喂养，也能在两餐喂奶之间睡上一段很长时间的觉。《睡眠的秘密》的作者也赞同这个观点，他们把宝宝夜里这段较长时间的睡眠称为"夜之核心"——这个概念我在前文中也多次引用。

在我看来，一个出生体重约 2.1 千克的宝宝，到半个月大时，夜里（半夜到早上 6：00 之间）就应该只喂一次奶了。当然，前提是他白天吃得很好，晚上 10：00—11：00 也吃得很饱。根据我的经验，不论母乳喂养还是奶瓶喂养的宝宝，如果夜奶次数达到 2 ~ 3 次，白天的喝奶量自然就会减少，并且长此以往，他的夜奶次数会越来越频繁，只有靠晚上不断地吃奶，才能满足每天的营养需求。

那么，如何避免宝宝夜里吃太多？对于奶粉喂养的宝宝，这个问题会容易许多。只要适当控制他们白天摄入的奶量，就可以轻松避免这个问题。妈妈可以先计算一下，按照宝宝的体重，每天应该摄入多少奶量合适；再根据前面相应月龄的作息规范，合理安排宝宝的喂奶，保证宝宝一天吃奶最多的一餐是在夜里；最后，搭配接下来要提到的"夜之核心"法建议，就可以完全避免夜里吃太多的问题。

也有人认为，母乳宝宝夜里多次吃奶是很正常的事情；事实上，还有许多母乳喂养专家也鼓励这样做。有人建议妈妈和宝宝睡在一起，这样夜里就可以时不时地给宝宝喂奶。这些专家总是在强调一点，母乳分泌所必需的激素——垂体激素在夜间的分泌水平更高一些。他们的理论是：在夜间多次喂奶的妈妈，更容易维持良好的母乳分泌状态。但是，这种建议只对一部分妈妈有效，有关统计数字已经证明，这个结论并非适用于所有妈妈。正如我之前所说，夜里过度喂奶会让很多妈妈筋疲力尽，甚至放弃母乳喂养。

由于工作的关系，我曾接触过成千上万个母乳喂养的妈妈。从这些经验看来，我发现，只要妈妈夜里睡眠充足，母乳的分泌就会更加充沛。这些妈妈只需要在半夜给宝宝饱饱地喂一顿，就可以确保他们一觉睡到天亮。

下面是一些导致宝宝夜间吃奶太多的主因，还有一些建议，希望可以帮助你的宝宝避免夜奶太多的问题。

★ 早产儿或体重过轻的宝宝喂奶频率应该高于每三小时一次，具体的特殊状况可以咨询专业的医生。

★ 如果每次喂奶，宝宝都吃得很好（体重超过3.6千克的宝宝，一般需要用两侧乳房喂奶），并且在白天的小觉睡眠质量很高，那他应该是晚上最后一餐并没有吃够，所以夜里才会醒来。

★ 如果晚上最后一餐时，你的奶量分泌不足，就可以用事先挤出的母乳或者奶粉给宝宝喂奶。

★ 许多妈妈担心，过早地使用奶瓶会导致宝宝乳头混淆，拒绝吃母乳。但根据我的经验，这么多年我照顾过的所有宝宝，在每天给他们用奶瓶喂一次奶的情况下，从来没有哪个宝宝出现过乳头和奶嘴混淆或拒绝母乳的问题。事实上，每天用奶瓶给宝宝喂一次奶的另一个好处就是，妈妈可以把给宝宝喂最后一顿奶的工作安排给爸爸，这样你就可以在晚上10：00之前上床睡觉。

★ 晚上的这一餐尽量让宝宝吃饱，坚持一周，如果情况还没有改善，那可能不是吃奶的问题，而是睡眠的问题。建议继续用奶瓶给他喂奶一周，并且参照后文关于应对夜醒的建议。

★ 体重在3.6千克以下的宝宝，如果每次吃奶都只吃前奶，没有吃完后奶就换到另一边，也会导致夜醒不断。后奶中富含脂肪，可以有效地缓解宝宝的饥饿感。

★ 如果宝宝出生时体重超过3.6千克，只用一侧乳房喂奶，宝宝可能吃不饱，有时候还是需要用另一侧乳房来补充。如果他已经在一侧乳房吃了20～25分钟，你可以接着让他在另一侧吃上5～10分钟。如果宝宝不愿意继续吃，可以先休息15～20分钟，接着再喂。

如果采用我的作息法后，宝宝夜里只需要喂奶一次，并且慢慢地可以一觉睡到天亮，你就不必在半夜起来喂奶了。但也有少数宝宝，已经1个半月大了，还是会在凌晨2∶00起来吃奶。而且据我观察，凌晨2∶00起来吃奶常常会导致早上7∶00那一餐吃奶量减少，或者有的宝宝干脆就不吃了。如果你家宝宝正好遇到这样的问题，那我建议你采用接下来的"夜之核心法"，尽可能把半夜的那一餐先取消，维持白天的吃奶次数。

夜之核心法

所谓夜之核心法，简单来说，就是在宝宝夜里睡眠时段较长，也就是夜之核心时间段的那几个小时不要给他喂奶。如果这几个小时之内宝宝醒了，就给他一点时间，让他自己重新睡回去。

如果宝宝就是不想睡，你可以试试其他方法让他安静下来，除了喂奶。可以试着拍拍宝宝，给他一个安抚奶嘴，或喂他一点水。尽量不要在第一时间就马上哄他抱他，把对他的关注控制在最小的程度。这样坚持几天，就能让宝宝在第一个夜之核心时间段内睡上至少几个小时，也能教会宝宝两种最重要的睡眠技能：如何入睡以及如何给自己接觉。

但在采用这些方法之前，你应该仔细读下面的内容，以确保宝宝在夜里睡更长时间。

★ 这些方法不适用于体重很轻的宝宝，也不适用于体重不增长的宝宝。如果宝宝体重不再增长，必须立即就医。

★ 只有在宝宝体重稳定增长，并且每天最后一餐吃得很饱的情况下，才可以采用这些方法。

★ 如果宝宝体重稳步增加，但早上7:00不愿吃奶或者奶水摄入减少，你就可以考虑减少他夜里的吃奶量。

★ 上述方法的目的，是延长每晚最后一次喂奶之后宝宝的睡眠时间，不提倡一次性取消那一餐。

★ 如果连续 3 ~ 4 个晚上，都有迹象表明宝宝可以睡上更长时间，你就可以采用"夜之核心"法。

★ 该方法可以减少按需喂养的宝宝夜里吃奶的次数，也可以促使他在两餐之间或最后一餐之后坚持更长时间。

夜里怎样喂水才能避免出错

我认为，两三个月大的宝宝，如果体重增长正常，却还是会在每天凌晨两三点醒来，那他很可能不是饿醒的，而是习惯在这个点醒来。这种情况，我建议你给他喂一小杯温开水。如果他喝完之后能很快入睡，并且能睡上一段较长的时间，你就可以继续采用这样的方法。

如果宝宝没有很快入睡，或者仅仅睡 30 ~ 40 分钟就醒了，你就没必要一直给他喝水，或者采用上述的"夜之核心法"了。因为如果连续几夜给他喝水，都没有让他重新睡回去的话，反而会破坏他的夜间睡眠，违背你的初衷。只有发现在连续几夜宝宝的睡眠质量有明显提高时，才可以采用"夜之核心法"。

爱打瞌睡的宝宝

有些爱瞌睡的宝宝，经常吃着吃着奶就睡着了，但是如果他没吃饱就睡着，可能一两个钟头之后，就需要再喂一次。所以，妈妈们此时需要花一点工夫，帮宝宝换尿不湿也好，拍拍气也好，让他把奶喝完再睡觉。尽量从一出生开始，就让他们一次把该喝的量喝完，这样可以在较短时间内给他们建立起规范的作息。

但是，不要通过不断地说话或摇晃宝宝来让瞌睡的他保持清醒。有些宝宝会吃到一半就停下来，伸伸腰踢踢腿，玩个 10 ~ 15 分钟，才会把剩下的奶喝完。一般来说，1 个月以内的宝宝，每次喂奶的时间要控制在 45 ~ 60 分钟。

如果宝宝睡觉的时候饿醒了，你就必须给他喂奶。不要试图让他等到下次喂奶，否则下一餐又会变成一次昏昏欲睡的进食。按照夜间喂奶的方式给他加餐，再安顿他睡下，通过这样的方式让宝宝的进餐回归正途。

拒绝吃奶

对于 6 个月大的宝宝，随着他们固体食物吃得越来越多，奶水的摄入量自然而然会减少。但是，在满 9 个月之前，宝宝每天依然需要吃到至少 500 ~ 600 毫升的母乳或冲好的奶粉。当宝宝到 1 周岁大的时候，每天的奶量会逐渐减少到最低 350 毫升。如果一天当中的某几餐，宝宝完全不怎么吃奶，那你就需要仔细考量一下给他吃固体食物的时间和种类。

下面几个方法，可以帮助你确定宝宝不喝奶的原因。

★ 宝宝 6 个月大时，早晚之间依然需要吃 4 ~ 5 次饱饱的奶水。这里所说的"饱饱的奶水"，是指 210 ~ 240 毫升奶，或者把双侧乳房全部吸空。对于不到 6 个月就开始吃固体食物的宝宝，一定要让他先吃完大部分的奶，再喂他吃固体食物。

★ 即使是在医生建议之下较早断奶的宝宝，也应该在上午 11：00 饱餐一顿奶水。如果过早地给宝宝加早餐，或者在早餐时先让宝宝吃下很多固体食物，可能会导致上午 11：00 那一餐他的奶量减少，或者拒绝吃奶。

★ 上午 11：00 的那一次喂奶，应该在宝宝六七个月时逐渐减量，直至完全取消。

★ 7 个月以内的宝宝，如果把午餐的固体食物推迟到下午 2∶00 吃，或者把晚上的固体食物提前到 5∶00 吃，都可能会造成他 6∶00 那一餐的奶量骤减，或者干脆拒绝吃奶。最好的办法是在宝宝能欣然接受固体食物之前，在上午 11∶00 喂他午餐时的固体食物，在晚上 6∶00 喝过奶水之后，喂他吃傍晚时段的固体食物。

★ 很多宝宝之所以在下一餐吃不了多少奶，是因为大人在不恰当的时机给他们喂了香蕉或梨等难以消化的食物。在宝宝不到 7 个月大之前，最好不要在白天给他们喂这些食物，可以在晚上 6∶00 喂给他们吃。

★ 那些 6 个月以上、不愿意吃奶的宝宝，很可能是因为吃了太多的零食和果汁。这种情况，你要尽量用水来代替果汁，让他少吃一些零食。

★ 有些宝宝在 9 ~ 12 个月大时，会开始不愿意喝晚上睡前的那一顿奶，这种情况你就可以逐渐取消这次喂奶。但在此之前，你应该先缩减下午 2∶30 那一餐的奶水摄入量。

拒绝固体食物

6 个月以上的宝宝，经常会出现拒绝吃固体食物的情况，这多半是因为奶水喝太多了。尤其当他们半夜还在吃奶的时候，这种情况会更加明显。根据我的观察，那些拒绝固体食物的宝宝大多都是想吃多少奶，妈妈就喂多少奶，有些宝宝半夜吃奶的次数甚至达到 2 ~ 3 次。这种情况，妈妈自然不能指望宝宝能一天吃三顿固体食物。

虽然对于 6 个月大的宝宝，奶水依然是主要的营养来源，但是固体食物对宝宝身体发育的作用也不容忽视。如果父母没有分配好喂奶的时间和数量，就会严重影响宝宝对固体食物的摄入。

如果你家宝宝正好遇到这方面的问题，下面的指导可以帮助你分析其中的原因。

★ 建议在宝宝 6 个月时再引入固体食物，如果他已满 6 个月，且能从晚上 11：00 一觉睡到早上 7：00，那么凌晨 2：00 这一餐的喝奶量就可以逐渐减少，直至完全取消。

★ 如果宝宝一天至少喝 4～5 次 240 毫升奶粉或母乳，还是吃不饱，就可以给他加固体食物了。

★ 如果宝宝已满 6 个月，每天至少喝 4～5 次 240 毫升奶粉或母乳，依然无法满足胃口，但就是拒绝固体食物的话，那很可能是因为他奶水摄入过多。你可以把他上午 11：00 的奶量减少到适中程度，以此鼓励他多吃一些固体食物。在宝宝快到 7 个月大的时候，一天的奶量应该在600 毫升左右，分 3 次喂食，600 毫升的奶量里还包含其他食物当中添加的乳品。如果你减少了奶量，宝宝还是不愿接受固体食物，就应该尽快求医。

挑食的宝宝

在最开始添加固体食物的时候，如果合理控制宝宝每餐摄入的奶量，大部分宝宝都能很轻松地接受各种食物。到了宝宝 9 个月大的时候，身体需要的营养大多都是从一日三餐的固体食物中获得的，所以，父母们要尽量丰富食物的种类，保证宝宝获取全面营养。但是，大约也是在这个时候，9～12 个月大时，宝宝会开始排斥从前喜欢的食物。如果这样的现象发生在你家宝宝身上，希望下面的内容可以帮助你分析原因。

★ 很多父母常常会以自己认为应该有的饭量来要求宝宝，一旦宝宝没有达到他们的标准，就会觉得自己的孩子是不是存在饮食问题。所以，下面我给大家展示了 9～12 个大的宝宝应有的食量，或许可以帮助你判断宝宝是否已摄入足量固体食物。

（a）3～4 份碳水化合物，包括麦片、全麦面包、意大利面或土豆。

1份应该是这样的：1片面包、30克麦片、2勺意大利面，或1小片烤土豆。

（b）3～4份果蔬，包括生鲜蔬菜。1份应该是这样的：1个小苹果、梨或者是香蕉、胡萝卜或几朵西蓝花。

（c）1份动物蛋白质或2份植物蛋白质。1份应包括30克鸡肉、猪肉或鱼肉，或60克扁豆和其他豆类。

★ 让宝宝学会自主进食，对他的脑力和体能发育很有帮助，还能促进他的手眼协调能力的发展，增强其独立意识。大部分6～9个月大的宝宝都可以自己用手抓取食物，虽然这个过程会让父母很累心，用餐现场更是混乱不堪，且耗时巨长。但如果你限制了他们与生俱来的探索欲望，他们只会感到非常沮丧，甚至拒绝去吃你给他们喂到嘴边的饭。通常，遇到这种情况，我会建议给他们多提供几种零食，让他们自己去吃。虽然这样很可能会制造出一个"车祸现场"，但起码宝宝会变得乐于接受食物，以及接受你给他喂的饭。

★ 宝宝在9个月大时，会对食物的颜色、形状以及质地更感兴趣。所以，他可能会厌倦所有食物搞烂在一起的样子，即使这些食物是他从前最爱吃的。这也是许多宝宝突然不爱吃蔬菜的一个主因。

★ 每餐尽量给他提供少量多样的蔬菜，这样会比大量少样的形式更能吊起他的胃口。

★ 不要经常给宝宝吃布丁和甜点，这会导致宝宝不吃主食。要让宝宝明白，布丁和甜点只有在特定的情况才可以给他们吃，其他时候不管怎么哭怎么闹，都不行。

★ 如果宝宝对某种食物很排斥，你可以先停几周，之后再给他试。1岁以内的宝宝对食物的喜好变化很大。有些食物他们这个月不爱吃，下个月可能就爱吃了，所以，不要放弃继续给他们尝试，如果因为他不喜欢某种食物，父母就不再给他吃，那最后选择的余地就会变得很小。

★ 饭前让宝宝大量喝水或果汁，会影响他们接下来的食欲。如果一定要给他们喝水，最好选择在吃饭的过程中喂给他们喝，而不是饭前

1小时内。并且，至少要让他吃完一半的固体食物，再给他们喂水或果汁。

★ 规范好宝宝的用餐时间，尽量按照作息规范来安排宝宝的用餐。不要把本该是早餐要吃的固体食物推后到8：00之后再给宝宝吃，这样该吃午餐的时候，他们就不会很饿。

★ 两餐之间不要给宝宝吃太多零食，尤其是香蕉、奶酪等难消化的食物，这会影响他们下一餐的食欲。你可以适当地控制宝宝的零食，看看这样他们的用餐情况会不会得到改善。

如果你对宝宝进食固体食物的状况仍然有所担心，建议你去咨询医生，以获取专业建议。同时，你可以专门记录下宝宝某一周的饮食状况，以便更好更快地查找出相关原因。

常见睡眠问题

入睡难

如果宝宝白天的时候很难入睡，你就要特别留意一下，他每次是什么时候开始躺下的，从躺下到真正睡着用了多长时间。一般来说，对于大部分宝宝，睡不着的原因主要是太累或者受到太多的外界刺激。如果你的宝宝吃喝睡眠一切正常，那我强烈建议你让他学着自主入睡。尽管在训练自主入睡的最初，宝宝会因为不适应而大哭，这时你可能会有很多不忍，但一定要明白，这么做是为了让宝宝快速地学会自己入睡。我曾经帮助过数百位家长解决孩子的睡眠问题，也发现，一旦宝宝学会了自主入睡，他会真的变得很自在、很放松。不过，在宝宝自己入睡的过程中，父母一定要每隔5～10分钟就进去探视一下。

下面有一些方法，可以帮助宝宝学会入睡。

★ 过度疲惫是宝宝白天不能入睡或睡眠质量不高的主因之一。3个月以下的宝宝，如果连续两个小时没有睡觉，就可能会处于过度疲惫的状态，这种状态又会使他在接下来的两个小时不愿入睡。3个月以后，随着月龄增长，大部分宝宝都可以保持更长时间的清醒状态，有时一次可以达到两个半小时。如果他清醒时间超过了一个半小时，你就要密切留意，如果他想要睡觉，就可以做出相应的安排。

★ 睡前避免其他人频繁地抱宝宝，即便只是轻轻地抱，也会让宝宝烦躁不安，过度疲累，导致难以入睡。宝宝不是玩具，不要让每个人都去抱抱，尤其是每次睡前，更应注意不要让人打扰他。

★ 过度刺激是宝宝不能入睡的另一个主因。6个月以内的宝宝，在安顿他睡觉之前，先留出20分钟，让他放松、安静下来。不要和他做游戏，也不要说太多话，否则他很容易过度兴奋。你可以轻轻地跟他说几句："夜深了，泰迪熊；夜深了，洋娃娃；晚安好梦！"

★ 错误的睡眠联想也会造成长期的睡眠问题。你要在宝宝清醒的时候将他放在床上，让他自己入睡，这一点至关重要。对于已经有了错误睡眠联想的宝宝，你可能需要花很大的功夫去帮他解决睡眠问题，不是仅仅让他自己哭一阵儿就好。好在，只要条件允许，大部分宝宝都能在几天之内学会自己入睡。

睡眠协助法

通常来说，如果宝宝白天的睡眠状况很好，夜里的睡眠质量却不佳，或者白天的睡眠极其不规律，那可能有几个方面的原因。一方面，他可能是饿了，这种情况你应该立刻给他喂奶。另一方面，他可能存在错误的睡眠联想。还有一种可能，就是他白天睡眠时间过长，这也是很多宝宝夜里难以入睡或频繁夜醒的最常见的原因。白天睡太多会导致宝宝夜里睡不着，长此以往，形成一个恶性循环。因为夜里睡不好，所以他需要在白天不断地补觉。

想要扭转这个恶性循环，唯一的方法就是对宝宝的睡眠进行协助，让宝宝白天的小睡和夜里的睡眠遵循一定的规律。有了这个规律，宝宝夜里的睡眠质量就会提高，白天也更容易保持清醒，这反过来又有助于改善晚上的睡眠质量。

那么，如何协助宝宝建立一定的睡眠规律？接下来我会分阶段阐述。但总的来说，**要想一步步取得成效，最重要的一点是坚持。**

第一阶段，你可能至少需要3天时间。在这三天时间里，不管是凌晨还是白天，都尽可能地抱着宝宝，一起躺在安静的房间里，而不要把他放回婴儿床上。让宝宝躺在你的臂弯里，而不是趴在你的胸前。如果宝宝两个多月了，并且已经不用襁褓，你就可以用右手搂着他，限制住他的双手，不让他手臂乱摇而影响情绪。宝宝休息的时候，要有一个人陪在旁边，不要摇晃宝宝，也不要抱着他在房间里走来走去。

如果连续三天，宝宝都能按建议时间安然入睡，你就可以推进到第二阶段，让他在自己的婴儿床上休息。但与此同时，你一定要陪在旁边，轻轻握住他的双手，给他一些安抚。这一点很重要。在第4天夜里，你依然需要轻轻地握住他的双手，直到睡去。到了第5天晚上，你可以只握着他的一只手，放在他的胸前，让他入睡。到第6天夜里，你就可以把犯困却仍旧清醒的他放在床上，让他自己休息，而你只需每隔两三分钟查看一下。

如果宝宝在你臂弯里，至少三个晚上都睡得很香，你就可以把他放在床上了。有些宝宝可能需要3天以上的时间，才能完全遵循所建议的时间睡觉，那也没关系，只要给他足够的耐心。当宝宝进入第二阶段，并且连续几个晚上都在10分钟之内入睡，你就可以采用前文提到的"平息哭泣法"尝试着让他自己入睡。

白天的时候，如果宝宝还很清醒，你可以在他旁边放一本宝宝书或一件玩具，让他自己在床上玩一会儿。午觉的时候，如果你愿意，可以用推车推着他出去走走，让他在车里小睡一会儿。但一定要注意，午觉要么在车里，要么在家里，千万不要在他睡到中途的时候，把他从一个地方转移到另一个地方，这会严重影响他的睡眠。

过早醒来

早上 5：00—6:00 对很多宝宝来说，都是浅睡眠时段。有些宝宝在进入浅睡眠后，还会继续睡 1 个小时左右，但是大部分宝宝则不会。而我在本书开头就已经提到，很多宝宝之所以会过早醒来，是因为房间里的光线太亮。只要把他们放到昏暗的环境里，大部分宝宝都能在早上 5：00—6：00 醒来之后，很快又睡回去。但是，需要强调的一点是，这里所说的"昏暗"，是指当你关上房门、拉上窗帘后，房间里一点光线都不透，连玩具和书本都很难看见。但凡有一丝光线让宝宝看见这些东西，都可能让他们从昏昏欲睡的状态变得完全清醒。

当然，对于 3 个月以内的宝宝，父母处理早醒的方式，也决定了他日后是否会经常早醒。所以我建议，在宝宝刚出生的那几周，如果他在凌晨 2：00—2：30 醒来吃奶，那他或许也会在早上 6：00 因为饥饿而醒来。这时候，如果你喂奶，一定要当作夜间喂奶来对待。开一个小夜灯，在房间里迅速而安静地给他喂食，不要说话，也不要有太多眼神接触。喂完之后，把宝宝放回到床上，让他睡到早上 7：00—7：30。尽量不要在这段时间内给他换尿不湿，因为这会吵醒宝宝。

如果你的宝宝在接近早上 4：00 时吃奶，又在早上 6：00 左右醒来，那他肯定不是饿醒的。只有在这种情况下，我会建议父母协助宝宝重新入睡。可能是抱抱他，也可能是给他一个安抚奶嘴。总之，最重要的是让他快速入睡。

下面有一些方法，可以让你的宝宝不再过早醒来。

★ 一旦宝宝已经入睡，就不要再开着小夜灯或给房门留着缝儿。研究表明，只有在黑暗中，大脑才会完全处于一种准备睡眠的状态。当宝宝处于浅层次睡眠时，即使是最微弱的灯光都足以将他惊醒。

★ 对于 6 个月以内的宝宝而言，踢被子也是导致他们早醒的原因之一。根据我的经验，这个月龄以下的所有宝宝，如果被子盖得严实，睡眠状况都会很好。

★ 对于那些已经会爬，会到处翻滚，而且爱踢被子的宝宝，我建议你给他买一条纯棉薄睡袋。这样他就可以不受限制地自由活动，你也不必担心他会因此在夜里着凉。可以根据具体温度，再给他搭配一条被单或毛毯。冬天可以给宝宝选择厚一点的睡袋。

★ 在宝宝满 6 个月并开始摄入固体食物以前，不要取消每天最后一餐的奶水。如果在开始摄入固体食物之前，宝宝已经进入了猛长期，可以给他多喂一点奶，以免他过早地饿醒。

★ 对于那些 6 个月以上，且已经取消最后一餐奶水的宝宝，晚上 7：00 之前不要再让他睡觉。如果在晚上 7:00 前他已经睡过觉，那他很可能会在早上 7：00 之前醒来。

过度夜醒

刚出生的宝宝，在妈妈开始分泌乳汁之前，也许会一夜醒来好几次，每隔 3 小时就要喂一次奶。出生 1 周后，体重超过 3.2 千克的宝宝，如果白天进餐状况良好，晚上 11:00 喂过奶之后，一般可以连续睡上 4 个小时。更大的宝宝，比如 1 ~ 1 个半月大时，一次睡眠时间还会延长，达到 5 ~ 6 个小时。如果遵循了我的作息规范，宝宝夜里的睡眠时间只会更长。因为我的作息规范最主要的目的，就是帮助父母理清宝宝白天对吃奶和睡眠的需要，从而避免过度夜醒和夜奶过量的问题。

　　但每个宝宝都是独立的个体。他们在夜里吃完奶之后会清醒多长时间，很大程度上因人而异。有些一个半月到两个月大的宝宝，在吃完晚上最后一顿奶后，就能睡一夜整觉；而有些宝宝则要到两个半月，乃至3个月时，才能达到这样的程度；还有些宝宝，甚至需要更长的时间。然而实际上，根据我的经验，如果把宝宝白天吃奶和睡眠的时间合理分配好，所有的宝宝只要身体和精神状况允许，都能一觉睡到天明。

　　下面列举的是1周岁以下的健康宝宝，夜醒时间过长的原因。

　　★ 白天睡太多。即使是体重很轻的宝宝，白天也需要维持一定时间的清醒状态。白天每一次喂过奶之后，最好让宝宝保持 1 ～ 1.5 小时的清醒状态。在1.5 ～ 2个月大时，大部分宝宝都能一次清醒2小时左右。

　　★ 白天喝的奶不够，所以，他们会在晚上不断地醒来吃奶。要想避免这种情况，你就需要在早上7：00至晚上11：00之间，按时按量地给宝宝喂奶6次，以满足他的营养所需。

　　★ 每餐奶水摄入不足。在刚生下来的日子里，大部分宝宝都应在一侧乳房下吃上至少25分钟，再换到另一侧吃奶。

　　★ 如果在每天最后一餐时，母乳喂养的宝宝奶水摄入量不足，他们很有可能夜里醒来好几次，在这一餐之后还需要加餐。

　　★ 6个月以内的宝宝有很强的惊跳反应，突然的摇晃以及惊吓都会让他夜醒数次。除了给他盖好适当厚度的毯子之外，也要用纯棉被单把他包好，这对宝宝有好处。

　　★ 大一点的宝宝常常会因为踢被子、着凉或者大腿卡在床栏缝里而醒来。这种情况，我会建议你给他买一条睡袋。

　　★ 宝宝习惯哄睡。在两三个月大时，宝宝的睡眠周期会发生改变，可能一夜之间会进入好几次浅层次睡眠。如果他每次睡前都习惯了奶睡、轻摇或吃安抚奶嘴，那么，在夜里他可能同样需要这些环节才能入睡。

★ 对于6个月以上的宝宝，如果你在他睡着时把房门打开或者把小夜灯开着，都有可能导致他夜醒不断。

★ 当宝宝开始吃固体食物后，如果他的喝奶量比之前大幅减少，那他也可能会因饥饿而夜醒，要求吃奶。

最后一餐宝宝太困喝不下奶，也会导致过度夜醒或早醒

在宝宝刚出生那段时间，如果他每天最后一餐都吃得很好的话，一般都可以在夜里睡上一段较长的时间。当然，这次喂奶一定要在婴儿房里安静地进行，以免宝宝受到过度刺激而难以入睡。但是，如果宝宝在这一餐因为太困了，没吃到足够多的奶，导致夜里无法坚持太长时间，那我建议你尽量将最后一餐改为分次喂奶。分次喂奶是否成功，取决于宝宝清醒的时间是否够长，奶水摄入是否充足。

我护理过一些宝宝，他们在刚出生那几天很爱睡觉，所以，我会在晚上9：40或9：45把他们叫醒吃奶。首先，我会把房间的灯调成微亮，然后取掉宝宝身上的盖被，把他的腿晾出来，让他自己在床上待10分钟左右；如果10分钟后他还没有什么动静，我会把灯光调亮，在晚上10：00的时候，把他从房间里面抱出来，带到我的卧室或客厅，打开灯或电视，制造一个更具刺激性的环境。接着，我会给他喂奶。如果喂了一部分奶后，他还是没有清醒过来，我就会先把他放到游戏垫上，让他待5～10分钟，等他完全清醒到可以喂奶的程度。

在晚上11:15的时候，我会给他喂第二部分的奶，这部分奶我会冲得比平时稍微热一点，尽量换另一个奶瓶冲。某些宝宝可能需要两个星期的时间才能确立分次喂奶的进餐模式；但是，这种模式一旦确立，就能帮助宝宝摄入更多奶水，从而延长夜间睡眠时间。

如果你是母乳喂养，依然可以采用分次喂奶的方法。你可以在晚上

10:00 先用一侧乳房喂奶，晚上 11:15 再用另一侧乳房喂奶。有些时候，在晚上 10:00 你需要用两侧乳房先来喂奶，晚上 11：15 再用上一次没喂完的乳房继续给他喂。如果你感到此时乳汁分泌不足，就可以用之前挤出来的母乳给他加餐。

生病对睡眠的影响

当宝宝生病的时候，夜醒几乎不可避免。3 个月以内的宝宝，如果感冒会非常痛苦，吃奶时更甚，因为他们在这么大的时候，还没学会如何用嘴呼吸，所以，父母一定要悉心照料，日夜陪护。尽量保持安静，以免打扰他。

生病的宝宝比健康的宝宝更需要休息。宝宝在休息时，应尽量避免把他安排在客人很多或有其他活动的地方。并且，根据我的护理经验，一个正在生病中的 6 个月大宝宝，如果我和他睡在同一个房间里，他的睡眠状况会更好一些。与此同时，我照料起他来也会更方便。

当然，我也发现有一些大一点的宝宝，虽然已经病愈，但还是会像在生病时一样继续夜醒，想被照顾。这种情况，我会在最开始的几个晚上，到他们的房间给他们喂些水喝，直到我确信他们已经病愈，就会让他们尝试着自己入睡。因为如果不这样，他们很容易形成长期的睡眠问题。

如果宝宝感冒或咳嗽，不论多么轻微，你都应该带他去看医生。事实上，我常常听到很多父母跟我哭诉，他们的宝宝因为没有及时就医感染了肺炎，如果当初早一点去医院，这些都可以避免之类的话。很多妈妈告诉我，有的时候，她们并不是不想带宝宝去医院，而是担心自己有一点小毛病就把宝宝带去医院，会被认为小题大做、神经过敏。但这往往又会造成不可挽回的后果。所以我认为，只要你对宝宝的健康有任何疑虑，无论这种忧虑是多么微不足道，你都应该及时咨询医生。如果宝宝被诊断为生病，你就需要严格地遵循医生的建议，尤其是在宝宝的进食方面。

午 休

午休在我的作息规范当中占有很重要的比例。很多研究表明，适当的午休对婴幼儿的生长发育大有裨益。但并不是每个月龄的宝宝，都能在午间好好地休息，尤其是新生儿。有些宝宝可能只睡了30 ~ 45分钟就醒了，虽然还是很困，却无法再次入睡。

假如你的宝宝就是其中之一，在他还没有养成更大的睡眠问题之前，你可以尝试下面几种方法，帮助他改善午休质量。

首先，如果你确信宝宝不是饿醒，就给他一点时间，让他自己调整入睡。正常情况下，如果让宝宝自己哭5 ~ 10分钟，他会慢慢平息，并且一周左右，他就可以自己入睡。当然，如果你发现10分钟之后，宝宝的哭声没有减弱而是增强了，就应该去安抚安抚他。对于那些哭声越来越大的宝宝，我会把原定于下午2：00的那一餐奶先给他喂一半，并且像夜间喂奶一样，尽可能保持安静，不跟他多说话，也不跟他有眼神接触，以免对他造成干扰。那样，我就会认为宝宝不能重新入睡的原因是其浅层次睡眠恰好与饥饿的时间相契合。

饥饿——小一点的宝宝

为了避免宝宝在午休中饿醒，我会把上午喂奶的时间推迟到10：00或10：30。在宝宝午休之前，再给他加餐一次，这样就不用担心宝宝会因为饿而从午休中哭醒。

如果他的哭声越来越大，并且不愿意入睡，你可以回顾一下他在上午的睡眠情况，从中找出原因。

上午的小睡——小一点的宝宝

1～6个月大的宝宝，如果上午睡了一个多小时，就可能会影响到他的午休。这种情况，我会根据宝宝上午小睡的具体时长，来调整他的午休时间，尽量缩短到45分钟到1个小时。有时候，对某些月龄在3个月以上的宝宝，我会把他们上午的小睡缩短到30分钟，以确保他们的午睡达到两个小时。

如果上午的小睡，你的宝宝一定要在上午9：00之前进行，那我建议你把这次小睡分成两个时段，每个时段以15～20分钟为宜，这样就可以减少宝宝上午的总体睡眠时间。

饥饿——大一点的宝宝

对于已经添加固体食物的宝宝，在午休之前，可以试着给他加餐一顿奶水。如果你发现这次加餐他喝得很多，就需要检视一下他的固体食物摄入状况是否合理，以确保他摄入了均衡的蛋白质、碳水化合物以及蔬菜。

如果宝宝月龄已经超过了9个月，却不爱喝水，那他很可能会在午休中因为口渴而醒来。尤其是在天气炎热时，更容易发生这样的状况。所以，午休之前，你应该适量给他喝一点水。

如果你排除了宝宝饿醒的可能，他还是哭声越来越大，你就可以回顾一下他上午的睡眠时间，看看是不是因为上午睡太多导致中午不愿睡。

上午的小睡——大一点的宝宝

9个月以上的宝宝，如果上午的小睡超过45分钟，很可能会引起午休质量不高。

如果宝宝6～9个月大，你可以以每隔三四天减少10分钟睡眠的幅度，缩减他上午小睡的时间，直到宝宝只需20～25分钟的睡眠为止。

如果宝宝已满 9～12 个月，就可以把上午小睡的时间减少到 10～15 分钟，或彻底取消。如果你发现取消上午的小睡后，宝宝很容易犯困，就可以把他的午餐及午休时间稍微提前。只要坚持在午休之前给宝宝喂奶，减少他上午小睡的时间，一两周后，宝宝的午休质量自然会得到改善。

午休——进一步解决问题

如果你发现，试完了上面所有的方法后，宝宝还是无法重新入睡，就必须转而调整他下午的睡眠时长，以免晚上睡觉时他因为太过疲累而无法入睡。至于下午应该睡多久，这取决于宝宝的月龄。

一般来说，6～9 个月大的宝宝，在下午 2：30 喂奶之后，需要小睡 30 分钟；在下午 4：30 左右，还需要小睡一次。这样的作息安排可以避免他们过度疲惫和烦躁不安，也可以让宝宝在下午 5：00 之前正常地作息，在晚上 7：00 安然入睡。而对于 9 个月以上的宝宝，有些在下午 2：30 时不愿意睡觉，但随后在下午 3：00—4：00 之间，他们会自己睡着，并且 30～45 分钟之后就会醒来。如果发生这样的情况，我建议最好把他们晚上上床睡觉的时间稍微提前。

无论如何，有一点很重要，当你在帮宝宝调整作息，以弥补他们午睡时间不足时，一定要考虑到宝宝那个月龄每天所需的最短睡眠时间。要想让他在晚上 7：00 按时睡觉，下午 5：00 之后就不能再让他睡觉。除此之外，还有几点注意事项：

★ 在宝宝午睡之前给他加餐一次，以免他从睡梦中饿醒。对于月龄相对较大的宝宝，如果他能喝下超过几十毫升的奶水，就表明他可能需要增加固体食物的摄入。对某些母乳宝宝而言，尽管他固体食物摄入正常，依然需要加餐一次，直到满 9 个月。

★ 月龄稍大的宝宝，午睡之前可以给他喂点水喝，以免渴醒。

★ 纠正宝宝所有不好的睡眠习惯，比如奶睡。你要确保宝宝在上床睡觉之前已经吃饱喝足。养成良好的习惯或许需要一定的时间，对这一点你必须保持足够耐心。

★ 排除宝宝过早醒来的其他原因，例如噪声过大或被单没有掖好。

★ 通常状况下，要让宝宝自然醒来。在最初几周，如果宝宝并没有哭闹着要吃东西，那么他醒来后，你可以让他自己在床上躺一会儿，再去抱他。养成这样的习惯，宝宝就不至于认为，一睡醒就会有人来抱他。

如果你遵循了上面所有的建议，并且预留了足够的时间，却发现宝宝的午休质量依然很差（比如他可能一进入浅睡状态就醒），你就可以试一下上文提到的"睡眠协助法"，这种方法可以帮助宝宝有规律地睡眠。

长牙和夜醒

根据我的经验，从小作息规律、睡眠习惯良好的宝宝，很少会在夜里因为长牙而哭闹。当然，并不排除会有少数宝宝确实在夜里受长牙所苦。但这种情况，通常是宝宝长臼齿了，而且一般只会出现在几个夜晚。

如果宝宝在长牙期夜醒，你抱抱他或者给他一个安抚奶嘴后，他又能安然入睡，那基本就可以判断，长牙不是他早醒的真正原因。真正因为长牙而疼痛的宝宝是会很难入睡的，而且这种痛不光是在晚上，白天也会。

如果你确信宝宝夜里醒来是长牙的疼痛造成的，建议你带他去看医生，看看是否需要服用扑热息痛和布洛芬等药物。长牙确实会影响宝宝夜里的睡眠，但是绝不至于好几个晚上不能入睡。如果宝宝的状况不佳，出现发热症状或没有胃口，或出现腹泻，就需要带他看医生。不要想当然地认为这些征兆就是长牙的表现。我经常发现这样的情形，父母认为宝宝在长牙，最后却诊断为耳或咽喉感染。

黄金规则

最后，这些基本的小窍门，可以让宝宝在 1 岁之前，避免一些潜在的问题。

★ 新生儿阶段，建议每次不要让宝宝清醒超过 2 小时。但这并不意味着他们必须醒 2 个小时。事实上，如果宝宝在夜里吃完奶之后睡眠很好，但白天一次只能清醒 1 个小时左右，那他可能只是比较爱睡觉而已。但是，如果宝宝晚上或半夜吃完奶之后睡眠状况不佳，并且你确定他不是因为饿，那我建议，你应该在白天逐渐延长他清醒的时间，直到他可以在白天愉快地保持较长时间的清醒状态，并且夜间睡眠质量有所提高。

★ 宝宝在一侧乳房的吃奶时间最长为 25 分钟，但这并不是说他们必须吃够 25 分钟。有些宝宝喝奶的效率很高，很短的时间就能吃饱。如果宝宝体重状况正常，白天及晚上的睡眠质量都很好，你就无须担心宝宝吃奶时间的长短。但如果宝宝在两次喂奶之间显得异常烦躁，白天小睡也很难入睡，他可能就是没有吃好。你可以尝试着在小睡之前给他喂点奶。如果之后能他安然入睡，你就可以确信他是因为饿才烦躁的。为了进行补救，我认为你应该到专业的哺乳顾问那里寻求帮助，以确保你的哺乳姿势是正确的。如果你对自己的哺乳姿势足够自信，就需要从其他方面寻找原因，可以看看宝宝是否只是吸吮而不曾吞咽。那些只是不停地吸奶却没有吃到奶的宝宝，很快就会疲惫，在没有吃饱时就把乳房推开。

★ 在宝宝刚出生的时候，如果他哭闹，那他很可能是饿了，你可以给他喂一些奶。请记住，我一直所说的"3 小时喂一次奶"，是从上一次开始喂奶到下一次开始喂奶，这意味着两次喂奶之间仅有 2 个小时的时间差。然而，我前文中也提到，如果宝宝还没到我所建议的喂奶时间就饿了，你依然应该给他喂奶。除非他是在与其月龄相应的就餐时间之前很早就饿了，你就要找出其中的原因。对母乳宝宝来说，这种现象的常见原因是母乳分泌不足或喂奶时宝宝没吃饱。如果喝奶粉的宝宝两餐之间不能坚持 3 个小时，那你也应该咨询一下相关人员，看看宝宝每次吃奶是否吃饱了。

★ 除非有迹象表明，宝宝可以在两餐之间坚持更长时间，否则，不要轻易就转入下一个阶段的作息规范。宝宝的个性、需求各不相同，有时你会发现宝宝游离于两种作息规范之间，比如，他可能睡眠遵循着一种作息规范，用餐却遵循着另一种，或者反过来。总之，这些局面都可以接受。

★ 你要记住一点，**规范作息就是为了建立长期良好的饮食和作息习惯**。只要宝宝体质和精力允许，就可以一觉睡到天亮。你不应通过限制或减少夜间喂奶的方式，迫使宝宝一觉睡到天亮。

★ 如果宝宝已满 3 个月，不到早上 7：00 就醒来，你可以把晚上最后一餐改为分次喂奶，尽量让他清醒的时间长一些。从我的经验看，分次喂奶一般都可以让宝宝夜里睡得更长；那些大一点的、早上 5：00 就醒的宝宝，分次喂奶也能使他们睡到早上 7：00 左右。但你一定要有足够的耐心，因为你可能至少需要花上一周的时间，才能让宝宝确立这样的用餐习惯。分次喂奶成功的关键在于，晚上 9：45 前就叫醒宝宝，让他在作息规范所建议的时间内处于完全清醒的状态。

★ 超过 6 个月、已经取消最后一餐吃奶的宝宝，如果早上在 5：00—6：00 醒来，且 10～15 分钟后依然不能入睡，你可以给他喂一些奶，即便他不是被饿醒的。根据我的经验，宝宝一醒就给他喂奶，是避免长期早醒的最有效、最快捷的办法。到了开始吃固体食物的月龄段，宝宝白天睡眠时间过长也会造成早醒。对于早醒的宝宝,缩减白天的睡眠时间很困难,因此,不要指望给个安抚奶嘴、抱抱他或者喂一点奶就可以让他入睡。随着宝宝早上 5：00—7：00 睡眠质量的提高，你可以慢慢把上午小睡的时间从 9：00 推迟到 9：30，把小睡时间减少到 30 分钟，这样就能保证他在中午 12：30 开始午休，避免宝宝傍晚时再睡着。一旦宝宝白天的睡眠时间开始减少，你会发现他夜里可以很自然地睡到早上 7：00 左右。